果树施肥技术理论与实践

李会合 著

天津出版传媒集团

天津科学技术出版社

图书在版编目（CIP）数据

果树施肥技术理论与实践 / 李会合著. -- 天津 ：
天津科学技术出版社，2020.8

　ISBN 978-7-5576-8419-8

　Ⅰ. ①果… Ⅱ. ①李… Ⅲ. ①果树－施肥 Ⅳ.
①S660.6

　中国版本图书馆CIP数据核字(2020)第120459号

果树施肥技术理论与实践
GUOSHU SHIFEI JISHU LILUN YU SHIJIAN

责任编辑：刘　鹆
责任印制：兰　毅
出　版：　天津出版传媒集团
　　　　　天津科学技术出版社
地　址：天津市西康路35号
邮　编：300051
电　话：（022）23332377（编辑部）
网　址：www.tjkjcbs.com.cn
发　行：新华书店经销
印　刷：天津印艺通制版印刷股份有限公司

开本 787×1092　1/16　印张 12.25　字数 290 000
2021年1月第 1 版第 1 次印刷
定价：56.00 元

前　言

　　果树是重要的经济作物，水果产业在国民经济中占有重要地位。目前，我国果树种植面积已超过6700公顷，果品产量居世界第一位。果品已成为人们生活中的重要食物之一，其食用安全性对人类身体健康至关重要。

　　近年来施肥与果品质量的关系已成为人们关注的热点，其中果品质量和食用安全问题最受关注。果品食用的安全性，主要是指果品中那些可能危及人体健康的有害残留物质，如硝酸盐、重金属和农药残留以及过量激素等在果品中的残留量。多年的试验结果表明，健康的果树个体才能生产出质量安全的果品，果树营养不足或营养过剩，都会导致果树不健康，致使果品质量下降。肥料的安全施用能使果树健壮生长，增加产量，提高品质，生产出安全的果品，保障人们健康，同时对降低生产成本，提高肥料利用率，保护农业生态环境具有重要作用。

　　建设社会主义新农村，实现农业现代化，是党中央做出的重大决策，是现阶段中国社会发展的重大历史任务，是关系现代化建设全局的根本性问题。农业生产发展依靠农业政策、资金投入和解放生产力的驱动，粮食产量实现九连增，农民收入持续增长，农业发展出现了前所未有的好形势。但随着农村改革的逐步深入，从事农业生产的劳动者出现了老龄化、女性化，未来农业的持续发展存在劳动力短缺、科技缺乏的问题，谁来种地、怎样种地已成为制约农业发展的主要问题。紧紧围绕新农村建设需要，转变农业发展方式，发展农业专业合作社和建立健全基层农技推广体系，实施农业科技创新，提升务农农民的从业技能和综合素质，是保证农业持续发展，建设社会主义新农村的有效措施。

　　本书由重庆文理学院李会合著。

目 录

第一章 果树的基础知识

第一节 果树的概述

一、果树及果树生产的特点

1.果树。主要指能够生产供人们食用的果实、种子及其衍生物(砧木)的植物(大多数为木本植物,如苹果、葡萄;少数为草本植物,如香蕉、菠萝)。

2.果树生产。由育种、苗木培育、果园建立、管理、采收、贮藏加工及市场销售组成。

3.果树生产的特点。

(1)多年生,栽培周期长:大多数果树为多年生,果树的寿命可达十几年,甚至几十年。即有一年中物候期的生长变化,又有一年中生命周期的变化,生长发育规律比较复杂,对管理者的技术要求比较高,对土壤肥水条件要求也比较高;同时品种更新慢,生产周期长;建园时要考虑到品种与市场的关系。

(2)果树种类多:2792种(包括乔木、灌木、藤本及多年生草本植物),常见的只占5%,各自的生物学特性、环境条件、栽培条件各不相同。

(3)高效益:适合集约化生产。果树生产是一项高投入(大量的人力物力)、高产出(效益大)、要求精耕细作的产业,适合集约化生产、经营、管理。

(4)果品大多数以鲜食为主:质量要求高。果品大多数以鲜食为主。为提高果园效益,尽量减少果园"丰产不丰收"的风险,应推进加工、微加工(防腐剂、添加剂的应用)业的发展,为果品加工提供技术支持,改变人们的消费观念。

因此,果树生产者不但要注重品种选择。了解每个品种的特性、当地自然条件、生活习惯,又要根据当地劳动力素质,采用适合的品种、适当的栽培技术,生产出高产、优质,适于人们消费及加工要求的果品。

二、果树生产的现状及发展趋势

(一) 果树生产现状

我国果树生产面积大,单产不高,总产量多(居世界第四位,苹果栽培面积及产量居世界第一),人均产量不足65.1kg(世界人均产量),出口比例少(占世界1%)。主要原因在于自然、人文及经济条件的限制。但我国果树种质资源丰富,在种质资源保存、组培、生物技术及自动化生产等方面已取得了较大的进步,在果树生理、分类、育种、激素、环保、采后处理等方面都有了较大的进展。

1.果品生产总量增长迅速,但单产不高。据有关数据统计,从1993年开始,我国果树栽培面积和果品总产量稳居世界第一位,并逐年增长。2001年全国果园面积达到920万hm2,水果总产量达到6658万t,2002年全国果品总产量又上升到6809万t,约占2002年世界果品总产量47100万t的14.5%。按农业部规划,2010年为9300万t。

但从单位面积的产量来看,我国与国外存在着较大的差距。2000年我国水果(不含甜瓜)每公顷面积的平均单产为8279kg,只相当于日本的46%、美国的33%,也低于亚洲和世界的平均水平。

2.果品品种结构不尽合理,优质果品所占比率较低。目前生产的水果基本上是以苹果、柑橘、梨、香蕉和葡萄为主。1999年上述水果的生产量约占总产量的3/4,其中,苹果、柑橘和梨三大类水果的生产量占总产量的比重为63%,早、中、晚熟品种结构不合理;一般品种多,优质品种少,没有自己的品牌果品。我国果品质量较差,是制约我国果品国际市场竞争力的重要因素。

3.果品销售主要是国内市场,出口率低。1996—1998年我国进口的干鲜果和坚果分别为79万t、84万t和89万t,大于当年的出口量。近年来中国果品进口有所减少,出口增长较快,但总的讲,出口数量有限,占总产量的比重很小。1999年干鲜果品出口量为80.5万t,仅占国内果品生产总量的1.3%,2002年全国干鲜果出口量创历史最高,达到113万t,也只占当年总产量的1.66%。

4.发展有盲目性。果品产后商品化处理环节薄弱。一是树种发展不平衡,苹果、柑橘、梨所占比例过大,一些树种中品种也过于集中,如红富士苹果、黄冠梨等;二是在并非完全适宜区盲目发展果树;三是缺乏市场调查和预测。

采后选果、分级、包装落后,果实采收后,基本上不进行商品化处理。目前多数靠人工,缺少现代选果、分级、包装机械,很难保证商品的一致性。贮藏能力不足,目前只占水果总产量的15%,导致果品上市过于集中,造成季节性过剩。果品加工能力薄弱,只占水果总产量的10%,而在发达国家,就是以销售鲜果为主的苹果,也有50%用于加工,世界果品产量最高的柑橘与葡萄,加工比例更高,葡萄达90%以上。

(二)果树生产的发展趋势

根据目前我国果树生产现状,瞄准世界果品市场及果品行业发展前沿,我国果树生产应坚持因地制宜、安全优质、提高效益、具备特色的原则,加速果树产业的发展。[1]

1.无公害果品生产技术。在目前普遍推行无公害果品栽培的基础上,通过采用国家强制标准和市场调节双管齐下的方法,逐步控制果园环境,严格按生产技术规程进行施

[1]赵瑞艳,李爱民.我国果树生产的现状及发展趋势[J].北方园艺,2002(5):12-13.

肥与病虫害防治,最终应建立起果品质量认证体系,即从田间到餐桌实施全程质量控制,实现果品生产标准化。

2.调整果树产业结构,实现果品供应与市场需求相适应。在树种上应适当调控大宗水果,发展小杂果、特有树种,如核桃、枣树、板栗等树种;在品种上,早、中、晚熟品种栽种比例合适,满足市场需求;同时逐步增加设施型、加工型或鲜食加工兼用型新品种;在果品档次上发展高档果,利用品牌效应,培育属于自己的品牌,最终实现果品供应与市场需求相互适应。

3.实现果品生产的产业化,突显优质高效。一是无病毒良种苗木及矮化砧木生产的产业化;二是土壤管理、肥水管理、花果管理、整形修剪等果树生产技术的精细化;三是主要采用以提高果实品质为中心的系列化生产技术,以产后分级、包装处理为主要内容的商品化技术,以果品贮藏及初、深加工为核心的产品增值技术。最终实现果树生产的产业化,与国际市场接轨。

第二节 果树的分类与生长发育周期

一、植物学分类

共计134科659属2792种。常见的有蔷薇科:苹果、梨、山楂、草莓、树莓、李、杏、樱桃;芸香科:柑橘;胡秃子科:沙棘属。

二、园艺学分类

园艺学分类是按照生物学特性、生态适应性等,对性状相近的果树进行分类。

1.根据叶的生长期分类,可分为落叶果树和常绿果树。

2.根据植株形态特性分为乔木、灌木、藤本、草本等。

3.根据果实结构分为仁果类、核果类、浆果类、坚果类、聚复果类、荚果类、柑果类、荔果类。

4.根据生态适应性分为寒带果树、温带果树、亚热带果树和热带果树。

三、栽培学分类

分类依据:根据果树生物学特性相似分类,根据栽培管理措施大体相近分类。

果树在栽培学上的分类主要有木本落叶果树、木本常绿果树及多年草本果树。

1.木本落叶果树。

(1)仁果类:特点是果实由花托和子房共同发育而成,称假果,其食用部分主要是肉质的花托,花芽均为混合花芽;如苹果、梨、山楂、木瓜等。

(2)核果类:包括桃、李、杏、樱桃等,其特点是果实由子房发育而成,外果皮薄,内果皮木质化为硬核,中果皮肉质,为食用部分,花芽均为纯花芽。

(3)浆果类:其特点是果实多浆汁,种子小而多,散布在果肉内。如葡萄、猕猴桃、树莓、醋栗、石榴等。

(4)坚果类:包括板栗、核桃、榛子、银杏等,特点是果实外面多具坚硬的外壳,食用部分多为种子,含水分少,统称干果。

(5)柿枣类:包括柿、枣等;也有不单列此类的,而将柿列入浆果类,将枣列入核果类。

2.木本常绿果树。

(1)柑果类:包括柑、橘、橙、柚等,其特点是外果皮革质,中果皮海绵状,内果皮形成多汁的瓢瓣,是食用部分。

(2)浆果类:枇杷。

(3)核果类:橄榄、芒果。

(4)坚果类:腰果、椰子。

(5)荚果类:酸豆。

包括龙眼、荔枝、杨梅、椰子、香榧等。

3.多年生草本果树香蕉、菠萝、草莓等。

四、果树的生命周期

果树的一生中有生长、结果、衰老、更新复壮和死亡的过程,这个过程称为果树的生命周期。生命周期中的各个年龄阶段称为年龄时期。了解生命周期的规律,对控制果树达到早果、丰产、稳产、优质和长寿的目的有重要的意义。果树因繁殖方法不同可分为实生树和营养繁殖树。实生树由播种繁殖形成,其年龄时期可分为幼年期(童期)和成年期两个阶段,幼年期从种子萌芽开始,经生长发育使枝干达到一定的节数,具有开花的能力为止;营养繁殖树利用已进入成年阶段果树的一年生枝进行嫁接、扦插、压条、分株和组织培养等方法培育而成,故只有成年期。生产上按其生长和结果的明显转化分为幼树期、初果期、盛果期和衰老期四个年龄时期。[①]

1.幼树期。从果苗定植到第一次开花结果。此期生长特点是树冠和根系生长迅速,地下部分快于地上部分,分枝角度小,管理的目的是尽早使其结果。应栽植优良的矮化苗木,采用扩穴深翻,增施肥水(尤其是有机肥),培养强大的根系,加大枝条开张角度,利用修剪培养良好的树体结构,促进早花早果;加强树体保护。

2.初果期。从第一次结果到有一定的经济产量。此期的生长特点是树冠和根系加速发展、生长旺盛,离心生长强,产量逐年上升,此时期树体结构已经形成,营养生长从占

---

① 河北农业大学. 果树栽培学总论[M]. 北京:农业出版社,1987.

绝对优势向生殖生长转化，营养生长与生殖生长达到动态平衡。管理不当时，有的树种、品种开始出现大小年（尤其是仁果类果树）。管理的目的是加快扩大树冠，尽早进入盛果期。应采用合理施用肥水，每年注重秋施有机肥，继续深翻改土；轻剪缓和树势，建成树冠骨架，着重培养结果枝组，防止树冠旺长，使生长和结果保持适宜的比例。

3.盛果期。从大量结果到产量明显下降前。其特点是树冠已达最大体积，产量也达最高时期，小枝与须根开始死亡，果实大小、形状、品质完全显示出该品种的特性。管理的目的是尽量延长盛果期的寿命，调节好生殖生长和营养生长的关系，管理好新梢生长、根系的生长、结果和花芽分化之间的关系。应加强肥水，及时更新修剪，按比例配置发育枝、结果枝和预备枝，尽量控制较大的叶面积，利用疏花疏果来控制花量，防止大小年结果现象的过早出现，延长盛果期的年限。此期持续时间的长短因树种和栽培管理水平不同而不同。

4.衰老期。从开始无经济产量到大部分植株不能正常结果，开始死亡。其特点是骨干枝、骨干根大量死亡，病虫害严重，树体残缺不全，结果小枝愈来愈少，新枝很少发生，已无更新复壮可能，无经济价值，应重新建园。

果树各时期的长短主要取决于栽培管理技术水平；应正确认识各时期的特点及变化规律，有针对性地制订合理的管理技术措施，以利于果树尽早结果、连续高产稳产、延长盛果期的年限，减少病虫害的发生，从而提高经济效益。

五、果树的年生长周期（果树的物候期）

果树每年都有与外界生态条件相适应的形态和生理机能的变化，呈现一定的生长发育的规律性，果树这种随气候而变化的生命活动称为果树的年生长周期。这种与季节性气候变化相适的果树器官的动态时期称为生物气候学时期，简称物候期。落叶果树可明显地分为生长期和休眠期。

（一）果树的生长期

落叶果树的生长期从叶芽、花芽、根系三方面考虑，大致可以分为以下生育阶段。

叶芽：膨大期、萌芽期、新梢生长时期、芽分化期、落叶期。

花芽：膨大期、开花期、坐果期、生理落果期、果实生长期、果实成熟期。

根系：开始活动期、生长高峰期、生长缓慢期、停滞生长期。

1.根系活动。当土温达到果树发根所需的温度范围时，经一定时间即开始发生新根。原产北方的果树需温较低，如醋栗在1～2℃时开始生根、山定子在3～50C、苹果在4～5℃、梨在6～7℃、樱桃在6℃、杏和桃在7～8℃开始发生新根。一般发根早于萌芽，梅发根比萌芽早80～90天，桃、杏早60～70天，苹果、梨早50～60天，葡萄、无花果早20～30天，柿、板栗、柑橘发根和萌芽大致同时进行，或稍迟于萌芽。

2.萌芽。果树休眠以后，气温达到果树萌芽所需的温度范围时，经一段时间即开始萌芽。北方落叶果树萌芽所需的温度较低,日平均气温达5℃以上,土温到7~8℃,经过10~15天开始萌发。原产在温暖地区的果树,要求较高温度,如枣、柿需日平均温度在10℃以上时才能萌芽。叶芽与花芽萌发所要求的温度不同,因而形成各树种、品种叶芽萌发和花芽萌芽开花时间的差异。如李、杏、山桃花芽比叶芽要求温度低,花芽萌芽开花早于叶芽,所以,桃、杏、李等树种是先开花后展叶。苹果、梨、山楂等大多数果树花芽萌芽开花均在叶芽萌发、展叶后。

3.开花。各种果树开花要求一定温度,开花的早晚随温度而变化,可通过控制温度达到延迟或提早开花的目的。据试验得知:李、杏开花要求温度为10.3℃,桃要求12.7℃,苹果、梨要求16℃,葡萄要求15~28℃,柿要求17℃以上,枣要求20~28℃才能开花。果树花期与生态地理条件关系密切,一般纬度向北推进110km,果树开花可延迟4~6天。山区每升高100m,开花延迟3~4天,北坡较南坡要迟3~5天。果树开花物候期可分为以下5个时期。

(1)始花期:全树5%左右的花开放。

(2)盛花期:全树25%以上的花开放。

(3)盛花末期:全树95%左右的花开放。

(4)终花期:花全部开放并有部分花开始凋谢。

(5)落花期:大量花凋谢到花完全落尽。

花期延续时间,依树种品种、生态条件和树体营养状况的不同而有差异。一般苹果花期可延续5~15天,梨4~5天,桃5~11天,枣21~37天。冷凉潮湿天气、树体营养状况较好花期会延长;干旱高温则会缩短。幼树、盛果树比老树花期长。

4.枝叶生长。不同果树新梢开始生长期有很大差别,一般醋栗、穗醋栗开始生长较早,核果类杏、桃、李其次,仁果类苹果、梨、山楂较晚,葡萄、枣最晚。生长初期受气温和营养物质的限制,果树枝叶生长缓慢,叶面积较小,叶脉较稀,易黄化,寿命也较短,光合作用较差,叶腋内形成的芽大都发育较差而潜伏。以后随气温升高,当年合成营养物质能力提高,新梢旺盛生长,对水分需求量较大,如水分不足促使过早停止生长,所以这一时期称新梢需水临界期。在这期间形成的叶片具有品种的代表性,面积大,光合作用强,寿命长,叶腋内形成的芽发育饱满。随着高温、干旱或气温降低,新梢生长减缓,这时形成的叶面积减小,含水量下降,衰老过程加速,寿命较短。

5.果实发育。果实生长发育所需的时间,自受精到果实成熟,因树种、品种而不同。一般早熟果树如樱桃,其果实发育时间为40~50天,杏80~130天,桃70~190天,苹果60~200天。早熟品种发育时间较短,晚熟品种较长。

6.花芽分化。大多数果树花芽的发生和分化延续时间较长,部分果树如葡萄、枣当年形成花芽当年开花。花芽分化开始时期因树种、品种、年龄、营养状况、生态条件有明显差别,但大多在新梢旺盛生长之后,生长缓慢时开始。不同枝条上的花芽分化开始时间不同,停止生长较早的短枝顶芽开始分化较早,长枝和腋芽分化较迟。花芽分化延续时间如水分、养分供应充足,持续较长;营养不良、干旱则过早停止分化,缩短花芽分化期,常使花芽分化不良并产生不完全花;幼果中产生的赤霉素(GA)可抑制花芽分化。

(二)果树的休眠期及其调控

果树休眠是指果树的芽或其他器官生长暂时停滞,仅维持微弱的生命活动的时期,是对不良生态环境的一种适应,也是自我保护的一种表现。如低温、高温、干旱时所表现的一种特性。落叶果树休眠期主要是对冬季低温的适应。

1.休眠期的特点。落叶果树叶片脱落,新梢成熟,冬芽发育完善,根系暂时处于生长停滞状态,是果树休眠的反应,落叶是果树进入休眠的标志。

冬季休眠期中树体内仍进行着一系列的生理活动,如呼吸、蒸腾,根的吸收、合成,芽的进一步分化,营养物质运转和转化等,但比生长期要弱得多。根据休眠期果树的生态表现和生理活动的特点,可分为自然休眠和被迫休眠两种不同类型。

(1)自然休眠:是自然界树种形成了适应外界生态环境的特性,要求一定的低温条件才能顺利通过休眠,为自然休眠。此时即使给予适合树体生长活动的条件,也不能萌芽生长。一般落叶果树自然休眠期多在12月到翌年1～2月,但果树种类不同进入自然休眠的时间有差别,且休眠深度、通过休眠所需时间也各异。枣、柿、板栗、葡萄9月下旬至10月下旬开始休眠并立即进入深度自然休眠。梨、桃、醋栗进入休眠期较晚,梨和醋栗在10月,桃在10月上旬至11月上旬。苹果在10月中旬至11月上旬。苹果、梨、醋栗自然休眠的深度较浅。

(2)被迫休眠:果树通过自然休眠,开始或完成了生长所需的准备,但外界生态条件不适宜萌芽生长,被迫呈休眠状态,为被迫休眠(根系休眠)。

一般幼年果树进入休眠期迟于成年树,而通过休眠也晚于成年树。小枝、细弱枝比大枝、主干休眠早。早形成的芽较晚形成的休眠早。花芽较叶芽、顶花芽较腋花芽休眠早;萌芽也早。根颈部进入休眠最晚,结束休眠最早,所以根颈容易遭受冻害。枝条内皮层和木质部进入休眠较早,形成层、髓部较迟,所以初冬遇到低温严寒,后两者容易受冻,而一旦进入休眠后,形成层比皮层、木质部抗寒,深冬冻害多发生在木质部。

2.果树休眠的生态条件。

(1)低温:落叶果树进入休眠需要一定的低温,才能通过自然休眠,一般在12月到翌年2月间,平均气温在0.6～4.4℃范围内,可以顺利完成自然休眠,翌年可正常萌芽。各种果树完成自然休眠的时间各不相同。

(2)光照:短日照也是影响果树休眠的一个重要生态因子,气温下降到15℃以下,日照缩短果树即开始落叶,所以果树休眠需要一定黑暗期。

（3）水分：果树生长后期树体组织缺水，发生生理干旱，会提早减弱树体内的生理活动，提早进入休眠。如果生长后期雨水过多，会使新梢旺长，延迟结束生长，会延迟进入休眠期。

3.休眠期的调控。果树休眠期开始和结束的早晚，在果树生产上有非常重要的意义。因此，生产上常采取多种措施对果树的休眠期进行调控。

（1）促进休眠：对幼年树或生长旺盛树，需促其正常进入休眠。可在生长后期限制灌水，少施氮肥，也可使用生长抑制剂或其他药剂，以抑制其营养生长。如葡萄使用抑芽丹，核桃使用硫酸锌均可促进休眠，减少初冬的冻害。

（2）推迟进入休眠：对花期早的树种、品种，适当推迟进入休眠期，不仅可以延长营养生长期，而且还可以延迟次年萌芽和开花的物候期，避免早春的冻害。主要的方法是采取适当的夏季重修剪，后期加施氮肥或加强灌水。

（3）延长休眠期：果树在通过自然休眠期以后如遇回暖天气，有利开始萌芽活动，这时若遇倒春寒，将会出现冻花冻芽现象。为避免上述灾害，可采用树干涂白、早春灌水等办法防止春天树体增温过速，延迟花期，减少晚霜的危害。秋季使用青鲜素或多效唑，早春使用赤霉素、萘乙酸或2,4-D等也可起到延长休眠，推迟开花的作用。此外，葡萄于休眠期喷布硫酸铁也可延迟萌芽。

（4）打破休眠：一些国家在温室或大棚内栽培葡萄，未经低温处理，用石灰水处理可使80%植株于30天后萌芽。

六、果树器官间生长发育的相互关系

果树生长、结果、更新、衰老不仅表现有序性，在这一过程中各种器官相互作用也表现出交替性。各器官的生长规律主要是遗传性决定的，同时又受各种环境因素的影响。研究这些规律，有助于了解果实产量和质量的形成过程，以便科学地制订栽培管理措施。

相互关系主要表现在：营养交换、相互依存、维持动态平衡；根系供给地上部分水分、矿物质、部分调节物质；根系发育需要来自地上部分的光合产物。"根深叶茂、叶茂根深"说的就是这个道理。

1.根系和地上部的关系。自根苗果树各器官间完全由遗传性决定相互关系。嫁接苗果树则要复杂一些，接穗、砧木都力求保持自身遗传性决定的生长发育规律，同时又受各自对方功能制约。例如根系不得不利用地上部送来的有机养分、GA和生长素等。同样，根系也向地上部提供无机营养、氨基酸和细胞分裂素。所以嫁接后的新植株，会出现既不同于接穗，也不同于砧木的生长发育新规律，表现在嫁接于不同生长类型砧木上的同一品种，树体大小、生长势、果实品质和抗逆性都有所差别。

（1）砧木对接穗的影：果树的寿命长短、生长势的大小和树的高度；枝条的分枝角度和树形；从发芽、开花、落叶到休眠的整个生长过程；果实成熟期和品质；果树的抗性。

(2)接穗对根系的影响：根系生长势和分根角度；根系分布的深度与广度；根系的抗逆性。

根系和地上部各器官的关系也表现相互促进和调节,地上部和根系的生长高峰交替出现。另外,损伤根系会抑制地上部的生长,此时会有更多有机物向根系运输帮助其恢复。生产者在不同时期分别对根系和地上部进行干预(如四季修剪、扩穴深翻和疏果等),可以达到栽培管理的目的。

2.营养生长与生殖生长的关系。果树属于种子植物,由根、茎、叶、花、果实和种子等器官构成。根、茎、叶的主要生理功能是吸收、合成和输导,称为营养器官。花、果实和种子的主要功能是繁殖后代,所以叫生殖器官。多年生果树的特点是不仅营养生长和生殖发育交错进行,而且不同年份的生殖器官发育也有重叠发生,营养生长和生殖生长相互影响很大。栽培者的任务就是调节营养生长和生殖生长的时期和强度,协调好两者之间的动态平衡,以保证果树正常有序的生长发育。

在果树的生命周期中,幼树良好的营养生长是开花结果的基础,因此在有机肥充足的果园可以少施氮肥多施磷肥,但在贫瘠的山丘地带,不可忽视氮肥的施用。幼树吸收能力差,加强根外追肥对于加快营养生长有重要意义。在幼树期营养生长是主要的。当营养生长进行到一定程度要及时促进树体由营养生长向生殖生长的转化,土壤施肥以磷、钾为主,少施或不施氮肥;叶面施肥早期以氮为主,中后期以磷、钾为主,促进花芽形成,提早结果。进入盛果期后,生殖生长占主导地位,大量养分用于开花结果,减少无效消耗;施肥上要氮、磷、钾配合施用,增加氮和钾量,满足果实需要。营养生长与生殖生长之间的矛盾贯穿于果树生长发育的全过程。营养生长是基础,生殖生长是目的,协调营养生长与生殖生长之间的矛盾是果树技术措施的主要目标。施肥时期、方法、种类、数量及果树的整形修剪等都要为这一目的服务。

枝条生长、花芽分化和果实发育三者存在着密切关系,果树的花芽分化多在新梢生长缓慢期或停滞生长以后开始。枝条健壮,单位叶面积大,为果实生长和花芽分化提供了物质基础,但生长过旺反而不利于果实生长和花芽分化。

生殖器官之间也存在着竞争,过多的开花或结果,常引起严重的落花落果,而降低产量。果实生长与花芽分化之间的关系因树种而异,仁果类果实生长与花芽分化重叠的时间长,果实对花芽分化影响大,易表现大小年。核果类果树的花芽分化与果实生长重叠时间短,对花芽分化影响不大,不易出现大小年。

3.有机营养与产量的关系。果树的组织和器官中的干物质中90% ~ 95%以上来源于光合产物,称为有机营养。光合作用不仅是植物生命的活动基础,也是形成产量和质量的决定因素。

4.果树营养的分配特点。

(1)物候营养中心:通常在某一物候期内,生长发育强度最大的器官或组织获得的营养最多,其他器官相应减少。一个物候多半存在一个营养中心,但同时存在次强或较弱的生理活动中心,果树生长发育的节奏性与营养供给的特点相一致。

(2)就近供应的原则:同化产物的供应以就近供应为主要形式,新梢下部叶的光合产物供根系生长,上部叶供茎尖生长。苹果短枝上的叶供该枝花芽形成或果实生长;柑橘果实主要吸取果实下部几片叶的光合产物。腋芽发育的营养主要来自本节叶片。就近供应保证局部器官发育顺利进行,减少两极干扰,是一种生物适应性的表现。

(3)营养物质分配的局部相关:不论是根系吸收的营养物质上运,还是光合产物下运,地上部的骨干枝或新梢都与地下骨干根或侧根存在对应联系。这种相对稳定的联系,一旦破坏,短期内对相应部分会产生影响,但果树自身可以很快修复,重新建立起新的对应关系。

光合产物分配的局部性特点在地上部表现更为明显,本枝的光合产物极少运送到其他枝条,成熟叶片之间几乎没有光合产物的相互交流。

5.果树产量形成广义产量的概念又叫生物学产量,是指作物在单位土地上干物质总重量。狭义的产量概念称为经济学产量,指单位土地上人类栽培目的物的那部分产量,理论公式为:

经济产量 =[(光合面积 × 光合强度 × 光合时间) − 消耗]× 经济系数

从公式右边构成因素容易看出,光合作用对产量形成至关重要。加速积累、运转和有效转换,并尽可能降低消耗是提高果树经济产量的途径。

第三节 我国果树种植与设施果树概况

一、主要水果产量

目前我国水果产量已达1.13亿吨以上,位居世界第一。我国的水果种类主要有苹果、柑橘、香蕉、梨、葡萄、菠萝等,其产量占水果总产量的80%左右。我国的第一大水果种类是苹果,约占水果总产量的27.5%;柑橘占18%;梨占13%;香蕉占8.0%;葡萄占7%;热带水果约占9.2%。2005年我国水果主产区产量状况见表1-1。

表1-1　2005年我国水果主产区产量状况（万吨）

水果种类	主产区排序							
	1	2	3	4	5	6	7	8
苹果	山东671.7	陕西560.1	河南300.6	河北220.2	山西164.8	辽宁130.0	甘肃101.2	江苏55.3
梨	河北324.6	山东106.1	辽宁69	四川68.5	河南65.5	安徽63.8	陕西62.1	浙江55.6
柑橘类	福建215.5	四川213.7	湖南212.2	广西187.7	广东182.7	浙江148.1	重庆90.9	云南21.1
热带、亚热带水果	广东535.7	广西233.2	福建154.7	海南142.5	云南33.9	四川4.3	贵州1.0	重庆0.4
桃	山东201.1	河北124.9	河南60.1	湖北46.9	辽宁34.7	四川31.9	江苏31.9	浙江28.6
葡萄	新疆128.8	河北86.4	山东83.1	辽宁58.2	河南41.3	安徽22.0	四川16.1	江苏15.3
红枣	河北80.8	山东68.7	河南26.8	山西19.7	陕西18.8	甘肃7.6	辽宁7.2	新疆2.9
柿子	广西44.1	河北33.3	河南25.9	陕西17.4	福建16.1	山东13.9	江苏12.1	广东11.5

　　世界人均水果消费量76千克，2002年我国人均水果消费量58.1千克，占世界人均水果消费量的77.5%。随着我国经济的发展，生活水平的提高，人们生活质量提高，2002年后农产品中水果的变化特别显著，人均水果量大幅度上升。

二、果树种植面积

　　我国是世界果树大国，栽培历史悠久，20世纪50年代以来，我国水果业发展较快，在80年代中后期进入了迅猛发展时期。我国各主要树种栽培面积状况见表1-2。

表1-2　2005年我国各主要树种栽培面积状况（千公顷）

种类	主产区排序							
	1	2	3	4	5	6	7	8
苹果	陕西426.3	山东342.5	河北263.9	甘肃183.8	河南165.8	山西151.4		
梨	河北215.0	辽宁91.6	四川83.0	山东69.9	新疆66.8	陕西59.6	甘肃49.5	江苏47.3
柑橘	湖南296.2	江西215.1	四川206.9	广东195.5	福建170.3	湖北143.2	广西141.3	浙江123.0
桃	山东126.6	河北99.0	河南60.2	湖北43.5	四川34.2	江苏32.8	福建25.7	陕西25.4
葡萄	新疆96.2	河北54.2	山东46.5	辽宁28.1	河南26.2	陕西13.9	山西2.4	湖北2.1
猕猴桃	陕西16.1	湖南7.2	河南6.9	四川6.7	贵州5.5	浙江3.0	江西2.4	湖北2.1

香蕉	广东 128.4	广西 54.7	海南 37.3	福建 29.8	云南 22.4	贵州 2.2	四川 1.3	重庆 0.2
菠萝	广东 27.1	海南 11.8	广西 5.2	福建 4.0	云南 3.4			
荔枝	广东 278.1	广西 221.7	福建 39.0	海南 31.5	云南 5.2	重庆 2.7	四川 2.0	贵州 0.6

2007年,我国果树种植面积847万公顷,2009年已达1000万公顷,居世界第一位,我国水果产业的发展进入一个新时期。

三、设施果树的概念

设施果树栽培是指在自然环境条件不适宜果树生长的季节或地区,利用温室、塑料薄膜大棚或其他保护措施,通过改变或控制果树生长发育的环境条件,包括光照、温度、水分、二氧化碳、土壤条件和养分供应等,对果树的生长和结果进行人工调控,改变果树生产的物候期,调节水果上市时间,达到优质高产高效益的一种果树栽培方法。

四、我国设施果树概况

我国果树设施栽培始于20世纪50年代初期,但发展迅猛。据报道,我国果树设施栽培面积已达8万公顷以上,位居世界第一位,已形成了山东、辽宁、河北、宁夏、甘肃、湖南、广西、上海、江苏、北京、天津、内蒙古和新疆等较为集中的果树设施栽培产区,有一定规模的树种主要有葡萄、桃、樱桃、草莓、柑橘、杏、李、枣、猕猴桃、石榴、杧果、菠萝、枇杷、无花果等。随着果树设施栽培的发展和市场的需求,我国已开始着眼于南果北移,在我国北方进行热带果树设施栽培,既丰富了北方设施果树品种结构,满足北方果品市场需求,还能增加经济效益。

为了解决我国鲜果周年供应问题,大力发展果树设施栽培已势在必行,应形成具有一定规模、各具特色的区域性设施果树生产基地,实行集约化栽培和规模化经营,使果树设施栽培沿着优质高产高效益的方向发展。

五、设施果树发展应注意的问题[①]

1. 设施果树栽培技术性强,风险较大。各级政府、有关部门在引导或果农自发进行果树设施栽培时,应加强技术培训,不可盲目发展。

2. 设施果树栽培应结合当地条件,在有关技术人员指导下选准树种、品种和栽培形式。

3. 要充分考虑设施果树结果季节和果实储运。

4. 要清醒认识水果的价格定位。

5. 应进行规模化发展,搞产业化经营。

---

①陈云鸿. 发展设施果树应注意的问题[J]. 西北园艺:果树专刊,2002(3):6-8.

第四节 我国水果主产区土壤养分概况

一、我国各类土壤基本养分

土壤是人类耕作种植的基本生产资料,土壤的基本养分是肥力,土壤肥力的高低是影响果树的生长、结构、布局和效益等重要因素。

我国果树栽培的土壤基本养分总的概况可归纳为普遍缺氮,大部分缺磷,部分缺钾和中量及微量营养元素。近年来由于磷肥的投入超过作物吸收的数量,土壤中磷素有明显积累,缺磷的面积缩小;钾素投入不足,水果产出带走的钾大于投入,消耗了土壤中的钾,造成缺钾的面积扩大。中、微量营养元素也是消耗多,投入少,缺乏的面积有扩大的趋势。土壤中氮素的含量有95%以上是有机氮。一般认为,土壤中有机质>2.5%为高,1%~2.5%为中等,<1%为低。我国耕地有机质的含量状况以华北平原、黄土高原和黄淮地区土壤有机质和含氮量为最低,东北地区含量最高,华南、长江流域次之。据报道,我国耕地土壤中有机质<1%的面积占25.9%,1%~2%的占38.25%。上述数据表明,土壤氮素含量普遍较低,施用氮肥一般都有明显的增产效果。施用磷肥的效果与土壤中速效磷含量的高低有密切关系。根据土壤普查资料,我国耕地土壤速效磷(P)<5毫克/千克的严重缺磷面积占50.5%,速效磷5~10毫克/千克需要施用磷肥的面积占31.0%。其中又以黄淮海平原和西北地区土壤缺磷比较严重,施用磷肥有良好的效果。我国土壤钾素含量有南低北高、东低西高的明显分布规律。土壤中速效钾(K)<100毫克/千克的耕地面积占47.1%,但华南地区占83.5%,而西北地区只占7.7%,因此在南方施用钾肥的效果好于北方。我国缺锌、锰、铁的土壤主要为北方的石灰性土壤。缺硼的土壤有两大片。一片在东部和南部,包括砖红壤、赤红壤、红壤、黄壤和黄潮土;另一片为黄土母质和黄河冲积物发育的土壤。黑龙江的草甸土、白浆土也往往缺硼。缺钼的土壤也有两大片:一片在南方的赤红壤和红壤地区,因土壤酸性,有效钼含量低;另一片为北方的黄土母质发育的黄绵土、 土和褐土,缺钼的原因是母质含钼量低。我国多数土壤含铜丰富,只有长期淹水的水稻土和草炭土可能缺铜。我国南方高温多雨,土壤中的硫、钙、镁容易淋失,含量较北方低,是容易发生缺乏中量营养元素的地区。

二、南方水果主产区土壤及肥力

我国南方果树主要分布区域以各种红色和黄色酸性土壤为主。这一区域由于气温高,雨量充沛,自然条件优越,是我国热带和亚热带果树的生产基地。

1.红壤。红壤是我国分布面积最大的土壤,总面积5690万公顷,主要分布在长江以南的广阔低山丘陵地区,包括:江西、湖南两省的大部分,滇南、湖北的东南部,广东、福建北部及贵州、四川、浙江、安徽、江苏等的一部分,以及西藏南部等地。

红壤是种植柑橘的良好土壤,红壤呈酸性—强酸性反应。丘陵红壤一般氮、磷、钾供应不足,有效态钙、镁的含量也少,硼、钼也很贫乏,并常因缺乏微量元素硼、锌而产生柑橘黄叶和"花叶"现象。红壤土的酸性强,土质黏重,可通过多施有机肥,适量施用石灰和补充磷肥,红壤有机质含量很低,应多施有机肥,以提高红壤的有机质含量和氮素肥力。红壤速效磷普遍缺乏,应增施磷肥,并提高其利用率。红壤土施用石灰,一般均能收到良好的效果。

2. 砖红壤。砖红壤是我国最南端热带雨林或季雨林地区的地带性土壤。我国的砖红壤主要分布在海南岛和雷州半岛海康、钦州湾北岸、遂溪、廉江、徐闻以及湛江市郊、云南南部低丘谷地(如西双版纳热带区)和台湾省最南部的热带雨林和季雨林。

砖红壤土体深厚,质地偏沙,耕作容易,宜种性广,但灌溉水源不足,常有干旱威胁,养分含量亦很低,特别缺磷、缺钾,果树生长欠佳,产量不高。由于土壤缺肥,应增施有机肥,分次多施钾肥及因土配施磷肥,提高土壤供肥力。砖红壤地区的主要果树是亚热带的荔枝、香蕉等,并可种植其他南方果树。

3. 赤红壤。赤红壤主要分布在南岭以南至雷州半岛北段,即福建、台湾、广东、广西和云南南部。赤红壤黏粒含量很高,质地黏重,土壤呈较强酸性,pH5.0左右,有机质含量低,矿质养分较贫乏,植物养分贫瘠。

重点发展以热带、亚热带水果为主,并根据不同的生态环境及土壤条件,建立各种优质水果商品基地。土壤改良的重点是解决干旱和瘦瘠两大问题。赤红壤性土往往侵蚀严重,土体薄,果树立地条件差,生物积累量较前两亚类少,肥力较低。局部土体深厚的地段,可垦殖果园,发展杨梅、余甘、菠萝、龙眼、荔枝、甘蔗、杨桃、香蕉、芒果等水果,但应加强水土保持工程建设,防止果园水土流失,增施有机肥及矿质肥,调节土壤养分平衡。

4. 黄壤。黄壤主要分布在以四川、贵州、重庆为主,以及云南、福建、广西、广东、湖南、湖北、浙江、安徽、台湾等地,是我国南方山区的主要土壤类型之一。

黄壤的有机质随植被类型而异。在自然土中,有机质由于腐殖质层存在,可高达5%以上,氮、钾含量均属中等。绝大部分黄壤速效磷低于10毫克/千克,是典型的缺磷土壤之一。对分布于高原丘陵地区的黄壤,在丘陵中、上部可以发展南方的多种果树。在果树种植的土壤中应多施有机肥料和种植绿肥,并适量施用石灰和磷肥。

5. 黄棕壤。黄棕壤总面积1803万公顷,主要分布于苏、皖、鄂北、陕南及浙北的丘陵。

黄棕壤地区的自然肥力较高,很适宜多种南方果树的生长。这类土壤的果树地一般采取逐年加深耕层,重施有机肥,增施磷肥,使土壤逐渐熟化,或施用煤渣、炉灰,从而改善土壤通气透水状况和耕作性能。

三、北方水果主产区土壤及肥力

1.棕壤土。棕壤土地处暖温带湿润地区,纵跨辽东半岛、山东半岛,也出现在半湿润、半干旱地区的山地中,在秦岭、燕山、伏牛山、吕梁山、太行山等一些山脉的垂直中有棕壤的分布。

目前,在棕壤土的果树地基本养分状况大致是普遍缺氮和有机质,大部分缺钾,部分缺磷和中、微量元素。多已开垦种植的是落叶果树(苹果、梨等北方果树)。棕壤是我国重要的北方果树土壤之一,也是重要的农业土壤,适合种植各种果树,如苹果、梨、桃、李等。

2.褐壤土。褐壤土分布在我国即北起燕山、太行山山前地带,东抵泰山、沂山山地的西北部和西南部的山前低丘,西至晋东南和陕西关中盆地,南抵秦岭北麓及黄河一线。

一般耕地的褐土,0~20厘米有机质含量10~20克/千克,非耕种的自然土壤可达30克/千克以上,特别是淋溶褐土与潮褐土等亚类更是如此。石灰性褐土与受侵蚀的褐土有机质含量均较低。与土壤肥力相关的是土壤养分情况。褐土的有效氮含量为0.7~1.3克/千克,碱解氮60~100毫克/千克,供氮能力属中等水平;磷的有效形态低,一般水溶性磷10毫克/千克左右,但无效形态的铝—磷、铁—磷居高,而石灰性褐土的钙—磷居高。褐土有效钾均在100毫克/千克以上,比较丰富。中量和微量元素则与土壤pH和母质关系较大。

褐土所分布的暖温带半干湿润季风区具有较好的光热条件,由于土体深厚,土壤质地适中,适宜种植苹果、梨、桃等北方果树。褐土种植果树,应合理施肥,提高土壤肥力水平,首先要增加土壤的有机质,因为褐土区温暖而干旱的时期长,土壤有机质分解快,保证一定量的有机肥源是保证土壤肥力结构的重要基础;其次是合理施用磷肥,因为褐土的活性铁及碳酸钙($CaCO_3$)均容易促使磷固结,形成铁质和钙质以及闭蓄态磷而使磷肥固结失效。还要合理施用中量和微量元素肥料,因为褐土大多有石灰反应,它往往减弱锌(Zn)、钼(Mo)、锰(Mn)、铁(Fe)等的有效性。在淋溶褐土及沙性土壤中硼(B)、铜(Cu)的含量较低,要充分注意微量元素肥料的合理应用。

四、果园土壤改良方法

1.深翻熟化。

(1)作用:在有效土层浅的果园,对土壤进行深翻改良非常重要。深翻结合增施有机肥可改善根系分布层土壤的通透性和保水性,且对于改善根系生长和吸收环境、促进地上部生长、提高果树的产量和品质都有明显的作用。

(2)时期:土壤深翻在一年四季都可以进行,但通常以秋季深翻效果最好,秋季深翻一般结合秋施基肥进行。

(3)深度:深翻的深度应略深于果树根系分布区,一般深度要达到80厘米左右。山地、黏性土壤、土层浅的果园宜深;沙质土壤、土层厚的果园宜浅。

(4)方式:根据树龄、栽培方式等具体情况应采取不同的方式。

1)深翻扩穴:多用于幼树、稀植树和庭院果树,幼树定植年沿树冠外围逐年向外深翻扩穴,直至树冠下方和株间全部深翻完为止。

2)隔行深翻:用于成行栽植、密植和等梯田式果园,每年沿树冠外围隔行成条逐年向外深翻,直至行间全部翻晚为止。

2.不同类型果园的土壤改良方法。

(1)黏性土果园:此类土壤的物理性状差,施用作物秸秆、糠壳等有机肥,或培土掺砂。

(2)沙性土:保水保肥性能差,改良重点是增加土壤有机质,改善保水和保肥能力。通常采用填淤结合增施秸秆等有机肥,以及掺入塘泥、河泥等。

(3)水田转化果园:这类果园的土壤排水性能差,在进行土壤改良时,深翻、深沟排水及抬高栽植通常可以取得预期的效果。

(4)盐碱地:在盐碱地上种植果树,应采用引淡水排碱洗盐后再加强地面维护覆盖的方法,增施有机肥、种植绿肥作物、施用酸性肥料等,以减少地面的过度蒸发,防止盐碱上升或中和土壤碱性。

(5)沙荒及荒漠地:我国黄河故道地区和西北地区有大面积的沙漠地和荒漠化土壤,这些地域的土壤有机质极为缺乏、有效矿质营养元素奇缺,无保水保肥能力。黄河中下游的沙荒地域有些是碱地,应按照盐碱地的情况治理,其他沙荒和荒漠应按沙性土壤对待,采取培土填淤、增施细腻的有机肥等措施进行治理。对于大面积的沙荒与荒漠地来说,防风固沙、发掘灌溉水源、设置防风林网、地表种植绿肥作物、加强覆盖等措施是土壤改良的基础。

第二章 果树生产的基础知识

第一节 果树育苗技术

果树苗木的质量和建园技术直接影响果树的生长和结果。良种壮苗是果树生产的基础,优良的建园技术是果树生产的保障。

果树苗木的优劣不仅直接影响定植成活率、果园整齐度、投产年限,还影响到后期的果园管理、生产成本、果品产量和质量等。所以,各国都非常重视果树苗木的质量,并制定出果树苗木质量标准,要求苗圃培育符合标准的苗木用于果树生产。

果树育苗就是根据国家规定的良种繁育制度,培育一定数量、适应当地自然条件、丰产优质的苗木,以满足果树生产发展的需要。果树育苗应以环境良好、设施先进的苗圃为场地,根据果树苗木的质量标准的要求,选择最适宜的育苗方式和技术,生产和繁育出优良的果树苗木。[①]

一、苗圃地的选择和规划

(一) 苗圃地的选择

苗圃地的选择应考虑当地具体情况,因地制宜,改良土壤,建立苗圃。在确定苗圃地点时,可根据以下条件进行选择。

1.位置。苗圃应位于果树发展中心地区,交通便利的地方,以减少苗木要运输费用和运输途中的损失,同时育成的苗木对当地环境条件适应性强,栽植成活率高,生长发育良好,达到适地适树的要求。

2.地形。应选择背风向阳、排水良好、地形平坦开阔的地方。苗圃的地下水位宜在 $1 \sim 1.5m$ 以下,并且一年中水位升降变化不大。地下水位过高的低地或低洼盆地,因排水困难,易受涝、受冻,所以不宜选做苗圃地。

3.土质。以土层深厚、中性或微酸性的沙质壤土和壤土为宜。因其理化性质好,适于土壤微生物的活动,有利于种子萌发、插条的生根及幼苗的生长发育。而且起苗容易,伤根少。土壤的酸碱度对苗木的生长有明显影响,不同果树对土壤的酸碱度适应性不同。如板栗、沙梨、柑橘等喜微酸性土壤;葡萄、枣、无花果等则较耐盐碱;苹果在酸碱度

---

①李华山.果树育苗技术[J].甘肃农业科技,1990(9):37-38.

过高的土壤中常生长不良或发生死亡现象,所以盐碱地育苗必须根据果树的需要经土壤改良后才能用作苗圃地。

4.水利条件。种子萌芽和苗木生长,都需要充足水分供应,保持土壤湿润。幼苗生长期间根系浅,耐旱力弱,对水分要求更为突出,如果不能保证水分及时供应,会造成停止生长,甚至枯死。尤其在我国北部地区易发生春旱,所以苗圃地应具备良好的水源条件尤为重要,即水分充足供应,水质符合要求。

5.土壤病虫害。在病虫害较严重的地区,尤其是对苗木为害较重的立枯病、根头癌肿病和地下害虫(如金龟子的幼虫蛴螬、金针虫、线虫、根瘤蚜)等,必须对土壤进行消毒或采取其他措施加以防治后方可用作苗圃地。

(二)苗圃地的区划

为了培育、生产规格化优质苗木,应根据不同地区设立各种类型的专业性苗圃。大型专业苗圃应根据苗圃的性质和任务,结合当地的气象、地形、土壤等资料进行全面规划,一般包括母本园、繁殖区和其他设施。

1.母本园。主要任务是提供良种繁殖材料,如砧木和实生果苗种子、优良品种接穗或插条等。母本树应和砧木、品种区域化的要求相一致。当前我国设有母本园的苗圃不多,一般均从品种园采集接穗或插条,砧木、种子则采自野生植株。为了保证种苗的纯度和长势,防止检疫性病虫害的传播,应建立各级专业苗圃的母本园(包括采种和采穗母本园)。

2.繁殖区。也称育苗圃,是育苗的主要区域,应选择苗圃地中最好的地段。根据所培育的苗木种类分为实生苗培育区、自根苗培育区和嫁接苗培育区。为了耕作和管理方便,最好结合地形采用长方形划区,长度不短于100m,宽度可为长度的1/3~1/2;也可以亩为单位进行区划。

3.其他设施。包括道路、排灌系统、房舍及其他建筑物等。道路可结合划区要求进行设置,有干路、支路和小路。排灌系统可结合地形及道路统一规划设置,以节约用地为原则。房舍包括办公室、宿舍、农具室、种子贮藏室、化肥农药室、包装工棚、苗木贮藏窖、厩舍等。应选位置适中、交通方便的地点建筑,以尽量不占用好地为宜。

苗圃中繁殖区实行轮作是十分重要的。由于连作(重茬)会引起土壤中缺乏某些营养元素、土壤结构破坏、病虫害严重以及有毒物质的积累,从而使苗木生长不良(表2-1)。在制定果树育苗轮作计划时,同种果树在繁殖区的同一地块段上,轮作年限一般为2~5年。轮作也是防治病虫害的重要措施,因此,应避免在同一地块中连续种植同种或近缘的以及有共同病虫害的苗木。

表2-1　连作对苹果砧木苗和嫁接苗的影响

移植地段	移植一年生砧木苗		金冠苹果出圃嫁接苗	
	成活率(%)	苗高(cm)	茎粗1cm以上(%)	剪口愈合2/3以上(%)
重茬地	56.7	47	19.7	72.2
轮作地	80.5	72	75.0	100.0

(三) 育苗方式

果树育苗方式的多样化、综合化及工厂化是现代种苗业发展的基本特征,也是现代农业科学技术不断发展和市场导向的必然结果。果树育苗主要有以下几种方式。

1.露地育苗。指育苗全过程是在露地条件下进行和完成的育苗方式。露地育苗是我国当前应用较广的常规育苗方式。但这种育苗方式只能在适于苗木生长和有利培养优质苗木的环境条件下进行。

2.保护地育苗。是人们利用保护设施控制环境条件,完成培育果树苗木的育苗方式。此种育苗方式可以在不良的外界环境下,人为地调控环境的温度、湿度和光照,以满足果树苗木生长发育要求,达到育苗目的。目前常用的保护设施类型有温床、温室、地膜覆盖、塑料拱棚、地下式棚窖、荫棚等。

3.容器育苗。是在各种容器中装入培养基质进行育苗的方式。容器盛有养分丰富的培养基质,常结合塑料大棚、温室等保护设施进行育苗,可使苗木的生长发育获得较佳的营养和环境条件。同时苗木随根际土团栽种,起苗和栽种过程中根系受损伤少,成活率高、缓苗期短、发棵快、生长旺盛。此育苗方式还便于机械化、自动化操作的工厂化育苗。育苗容器有两类:一类具外壁,内盛培养基质,如各种育苗钵、容器袋、育苗盘、育苗箱等;另一类无外壁,将腐熟厩肥或泥炭加园土,并混少量化肥压制成钵状或块状,供育苗用。

4.组培育苗。是在人工培养基中,将植物的离体组织细胞(如经过脱毒的茎尖、茎段、叶片、叶鞘或胚)培养成为完整植株的繁殖方法。此方法具有繁殖速度快、繁殖系数高、便于工厂化生产的特点。组织培养在果树生产上主要用于快速大量繁殖自根苗木、培育无病毒苗木、大量繁殖和保存无籽果实的珍贵果极良种、胚乳多倍体和单倍体育种等领域。

二、果树苗木的繁殖与培育

果树苗木的类型不同,要求的育苗方式和技术也不同。生产上常按照繁殖方法与材料的不同将果树苗木分为实生苗、嫁接苗和自根苗。将三种苗木特点比较(见表2-2)。

表2-2　果树苗木类型

项目 类型	繁殖方法或材料	繁殖技术特点	生长发育特点	应用范围
实生苗	繁殖材料为种子；是有性繁殖。	种子来源广，技术简便，易大量繁殖。	生长健壮，根系发达，适应性强，结果晚，寿命长，个体差异大，后代易产生变异。	繁育砧木苗、杂交育种。
嫁接苗	繁殖材料为枝或芽；是无性繁殖。	先培育砧木苗，再嫁接，程序技术较复杂。	既可利用砧木的优良性状，又可保持品种的优良性状，早花早果。	商品果苗
自根苗	繁殖材料为果树的营养器官；是无性繁殖。	繁殖方法简单，繁殖周期短。	能保持母株的优良性状，结果早，根系不发达。	果苗、砧木苗。

(一) 实生苗的繁殖与培育

用种子播种方法培育成的苗木，称为实生苗，是古老的果树繁殖方式。

1.种子的采集。种子的质量关系到实生苗的长势和合格率，是培养优良实生苗的重要环节。作为繁殖实生果苗或砧木苗，均应注意选择品种纯正、砧木类型一致，生长健壮、无严重病虫害的植株作为采种母树，同时还应注意其丰产性、优质性、抗逆性。种子必须在母树充分成熟时采集。

生理成熟是指种子内部营养物质呈易溶解状态，含水量高，种胚已经发育成熟并具备发芽能力，这类种子采后播种即可发芽，而且出苗整齐。但因其种皮容易失水和渗透出内部有机物而遭受微生物侵染导致霉烂，不宜长期贮存。

形态成熟是指种胚已完成了生长发育阶段；内部营养物质大多转化为不溶解的淀粉、脂肪、蛋白质状态；生理活动明显减弱或进入休眠状态；种皮老化致密，不易霉烂，适于较长期贮藏。生产苗木所用的种子多采用形态成熟的种子。

采集种子必须适时，形态成熟的种子多根据果实颜色转变为成熟色泽、果肉变软、种皮颜色变深而富有光泽、种子含水量减少、种仁充实饱满等方面的特点确定。多数果树种子是在生理成熟以后进入形态成熟，只有银杏等少数果树，则是在形态成熟以后再经过较长时间，种胚才逐渐发育完全，称为生理后熟现象。

种实采收后要根据果实的特点取种。凡果肉无利用价值的可采用堆沤方式取种，如山定子、杜梨、山桃、君迁子等种子调制方法如下：堆沤腐烂果肉(堆放厚度25～35cm，堆温25～30℃)→揉碎、淘洗、取种→晾晒或阴干→精选分级→贮藏备用。凡果肉有利用价值的可结合加工过程取种，如山楂、山葡萄等。

果树种子贮藏期间的空气相对湿度宜保持在50%～80%，气温0～8℃为宜。大量贮藏种子时，应注意种子堆内的通气状况，通气不良时加剧种子的无氧呼吸，积累大量的二氧化碳,使种子中毒。特别是在温度、湿度较高的情况下更要注意通气防霉烂、防虫或鼠害。

贮藏方法因树种不同而异。落叶果树的大多数树种种子在充分阴干后贮藏(干藏法)。但板栗、甜樱桃、银杏和绝大多数常绿果树的种子,采种后必须立即播种或湿藏,才能保持种子的生活力。人工低温、低湿、氧气稀少的环境条件,亦可使不适于干藏的种子延长其生活力。

2.种子的休眠与层积处理。

(1)种子的休眠:是果树在长期系统发育过程中形成的一种特性和抵御外界不良条件的适应能力。北方落叶果树的种子大都有自然休眠特性。果树种子在休眠期间,经过外部条件的作用,使种子内部发生一系列生理、生化变化,从而进入萌发状态,这一过程称为种子后熟阶段。解除种子休眠需要综合条件和一定的时间。通过后熟的种子吸水后,如遇不良环境条件可再次进入休眠状态,称为二次休眠或被迫休眠。

影响种子休眠的主要因素。

1)种胚发育不完全:有些果树种子如银杏、桃、杏早熟品种等外观似已成熟并已脱离母体,但胚尚处于幼小阶段,还需继续生长发育,才能正常发芽生长。

2)种皮或果皮的结构障碍:山楂、桃、葡萄的种子虽已成熟,但因其种壳坚硬、致密、具有蜡质或革质种皮,不易透水和透气而妨碍种子吸水膨胀和气体交换,造成发芽困难而处于休眠状态。只有物理或化学的方法,或经沙藏处理,才能使其种壳或种皮软化,增加透水通气,并在一定的温度条件下,才能萌发。

3)种胚需通过后熟过程:苹果、梨、桃、杏等许多温带果树种子成熟以后,需要在低温、通气和一定湿度条件下,经过一定时间才能促使胚内部发生一系列生理、生化变化,使复杂有机物水解为简单可利用物质,种子吸水能力增强,种胚通过后熟过程以后,才能萌发。

(2)种子的层积处理:是指将种子和湿润河沙混合或分层放置,在适宜的条件下,使种子完成后熟,解除休眠的措施,称为种子的层积处理。层积处理多在秋、冬季节进行。层积温度大多在$1 \sim 10℃$,以$2 \sim 7℃$最为适宜,而有效最低温度为$-5℃$,有效最高温度为$17℃$,超过上限或下限,种子不能发芽而转入被迫休眠。种子层积还需要良好的通气条件,降低氧气浓度也会导致被迫休眠。河沙湿度对层积效果有重要作用,通常河沙的湿度以手握成团而不滴水(约为最大持水量的50%),松手即能散开为宜,河沙的用量为种子的$3 \sim 5$倍。种子的层积时间主要是由不同树种的遗传特性所决定(表2-3),但也与层积前贮藏条件有关。

表2-3主要果树种子的层积天数和播种数

树种	层积天数(天)	每千克种子粒数	播种量(kg/hm²)	成苗数(株)	播种方式
海棠果	45～50	56000	25～30	12000～15000	条播
山定子	30～90	160000～220000	15000～18000	条播	
西府海棠	40～60	56000	25～30	12000～15000	条播
毛樱桃		8000～1400	112.5～150	0	0
杜梨(大)	80	28000	22.5～30	7000～10000	条播
杜梨(小)	60	60000～70000	15～22.5	7000～8000	条播
山楂	200～300	13000～18000	112.5～225		
核桃	60～80	70～100	1500～2250	3000～4000	点播
君迁子	90	3400～8000	75～150		
毛桃、山桃	80	200～400	450～750		
山葡萄	90～120	26000～30000	22.5～37.5		
酸枣	80	5000	75～90	6000～7000	条播
山杏	80	大900	450～900	6000～7000	条播
		小1800	375～450	7000～8000	条播

3.种子的生活力鉴定。种子生活力是指种子发芽的潜在能力或种胚所具有的生命力。鉴定种子的生活力,有助于科学确定播种量。种子的生活力受采种母株营养状况、采收时期、贮藏条件和贮藏年限等条件的影响。新采收的种子生活力强,发芽率高。放置时间较长的种子则因贮藏条件和时间长短,其生活力有所不同。鉴定种子生活力的常用方法有以下几种。

(1)目测法(形态鉴定):是直接观察种子的外部形态。凡种粒饱满,种皮有光泽,种粒重而有弹性,种胚呈乳白色(个别类型的种胚为绿色或黄色),不透明,无霉味,无病虫害为有生活力的种子;反之则为无生活力种子。最后根据鉴定结果计算有生活力种子的百分率。

(2)染色检验:是根据胚及子叶染色情况,判断种子生活力强弱和百分数。常用的染色剂有靛蓝胭脂红、曙红、氯化三苯基四氮唑、红墨水等。根据染色剂不同,分为有生活力种子胚、子叶着色和不着色两种类型(表2-4)。

表2-4　种子染色方法及生活力鉴定标准

类型	染色剂	浸种时间	生活力鉴定标准
有生活力种子不着色	靛蓝胭脂红（0.1%～0.2%）	2～4h	1.胚及子叶完全染色为无生活力种子； 2.胚及子叶完全不染色或稍有浅斑为有生活力种子； 3.部分染色为生活力低的种子。
	红墨水（5%～10%）	6～8h	
	曙红（0.1%～0.2%）	1h	
有生活力种子着色	氯化三苯基四氮唑（小粒种子0.5%，大粒种子1%）	3h 黑暗条件	1.胚及子叶全面均匀着色为生活力强种子； 2.染色较浅为中等活力种子； 3.胚及子叶不着色为无活力种子。

（3）发芽试验法：是将无休眠期或经过后熟的种子,种胚向上,均匀放在铺有滤纸（要求打湿）的培养皿或瓦盆中,并给予一定水分,置于20～25℃条件下促其发芽,根据发芽种子数量计算发芽百分率。

4.浸种催芽。浸种可使种子在短期内吸收大量水分,加速其内部的生理变化,缩短后熟过程。沙藏未萌动或未经沙藏处理的种子,播种前可进行浸种催芽处理,以促使其萌芽。浸种方法因树种不同而异,核桃、山桃、山杏等带有硬壳的大粒种子,可用冷水浸种。把种子放在冷水中浸泡5～6天,每天换水一次；或把种子装在草袋内,放在流水中,待种子吸足水后,即可播种。如播种期紧迫,还可用开水浸种,将种子倒进开水内速浸2～3s,捞出后放在冷水中浸泡2～3天,待种壳裂口时即可播种。山定子、海棠、杜梨等小粒种子,如冬季未经沙藏可在播种前将种子放入40℃左右温水中,经充分搅拌自然降温后,然后放在冷水中浸泡2～3天,每天换水一次,捞出种子,再经短期沙藏或将种子平摊在暖炕上,上盖湿麻袋,温度保持在20℃左右,每天翻动,当有20%～30%的种子露出白尖时即可播种。

2.播种技术。播种技术是培育果树实生苗和砧木苗的基本环节,影响着育苗成败和苗木质量。

（1）播种地准备：播种地的准备包括深翻熟化、施入基肥、土壤消毒、整地作畦等内容。播种地应选壤土或沙壤土,首先对播种地进行深翻熟化,一般应深翻25～30cm,深翻时结合施入基肥,每公顷施厩肥60000～75000kg,同时可混入过磷酸钙、草木灰或果树专用肥等,然后整平除去杂物,作畦或作垄。多雨地区或地下水位较高时,宜用高畦,以利排水。少雨干旱地区宜作平畦或低畦,以利灌溉保墒。为防治地下病虫害应在播种前撒施农药或毒土。

2.播种时期：分为春播、秋播和采后立即播种。适宜的播种时期,应根据当地气候和土壤条件以及不同树种特性决定。冬季严寒、干旱、风沙大、鸟鼠害严重的地区,适宜春播。春播在土壤解冻后进行,一般为3月的中旬至4月中旬。春播的种子必须经过层积沙藏或其他处理,使其通过后熟解除休眠,才能播种,以保证出苗正常和整齐一致。冬季较短且不甚寒冷和干旱,土质较好又无鸟、鼠危害,则可秋播。秋播可省去层积、催芽等工序,并具有出苗早、生长期较长、苗木健壮、抗病性强等特点,秋播在土壤解冻之前进行,一般为10月中旬至11月中旬。许多常绿果树种子,采后干燥失水易丧失发芽力,应随采随播。

(3)播种方法:播种方法主要取决于种子的大小,常用方法有条播、点播和撒播。

1)条播:是在地面或畦床内按计划行距开沟播种。适合于中、小粒种子。条播出苗后密度适当,生长比较整齐,便于施肥、中耕、除草、起苗出圃等作业,应用较广。小粒种子例如山定子、海棠、杜梨等砧木苗可采用双行带状条播,每畦两带四行,带内距15cm,带间距50cm,边行距畦埂10cm,有利于嫁接时操作方便。

2)点播:是按一定的株行距开沟或挖穴将种子播于育苗地的方法。适于大粒种子,如核桃、板栗、桃、李、杏等,一般行距30cm,株距15~20cm。此法用种量较少,苗木生长健壮,田间管理方便,起苗出圃容易,但单位面积产苗量较少。

3)撒播:是将种子均匀撒在畦床上,适用于小粒种子。各地已很少应用。

(4)播种深度:播种深度应根据种子大小、土壤质地、播种时间和气候条件而定。一般以种子直径的1~5倍为宜。干燥地区的播种深度深于湿润地区,秋播深于春播,沙土、沙壤土深于黏土。

(5)播种量:是指单位面积内计划生产一定数量的苗木所需要种子数量。播种量以kg/hm2表示。播种量不仅影响产苗数量和质量,也影响苗木的成本。为了有计划地采集和购买种子,降低育苗成本,应正确计算播种量。常用果树砧木种子的播种量见表2-3。计算播种量的公式是:

$$每公顷播种量 = \frac{每公顷计划育苗数}{每千克种子粒数 \times 种子发芽率 \times 种子纯净率}$$

(6)播后管理:播种后注意土壤湿度变化,保持土壤疏松、湿润、无杂物。当幼苗长到2~4片真叶时,进行间苗和移栽。根据苗木生长发育的要求及时进行灌水和施肥。加强苗木生长季的管理,如摘心和除萌,以促进苗木健壮生长;注意中耕除草,保持土壤疏松、通气;同时做好病虫害的防治工作。

(二)嫁接苗的繁殖与培育

将优良品种植株上的枝或芽接到另一植株的枝、干或根上,使之愈合在一起,形成一个独立的新植株,这一技术称为嫁接,形成的植株称为嫁接苗。供嫁接用的枝或芽称为接穗,承受接穗的植株称为砧木。

1.嫁接成活的原理。果树嫁接成活主要决定于砧木和接穗能否相互密接产生愈伤组织,并进一步分化产生新的输导组织而相互连接。嫁接时砧木和接穗的削面先形成隔离层,隔离层具有封闭和保护伤口的作用;之后由受伤细胞产生的愈伤激素刺激隔离层以内细胞与伤口平行进行多次分裂,形成愈伤组织。砧穗接合部愈伤组织先从周围开始,后向中心扩展,充满砧木和接穗间的空隙,愈伤组织部分细胞分裂形成管状组织,与砧穗木质部导管和韧皮部的筛管上下连通,形成新的输导组织,水分和养分可以相互交流,至此两者愈合形成一个新的植株。

2.影响嫁接成活的因素。

(1)砧木和接穗的亲和力:砧木和接穗的亲和力是指砧木和接穗在内部组织结构上、生理和遗传上彼此相同行或相近,从而相互结合在一起的能力。砧穗亲和力强,嫁接成活率高;反之嫁接成活率就低。

嫁接亲和力,主要决定于砧木和接穗的亲缘关系,一般亲缘关系越近,亲和力越强。一般同品种间的嫁接亲和力最强,如板栗接板栗,核桃接核桃等。同属异种间的嫁接亲和力因果树种类而异,苹果接在海棠或山定子上,梨接在杜梨上,柿接在君迁子上,桃接在山桃上等,其嫁接亲和力都很强。同科异属植物间嫁接亲和力较弱。

(2)环境条件:嫁接成败与温度、湿度、光照及空气等环境条件有关。一般在20~25℃温度条件下有利于愈伤组织形成;砧、穗愈合前保持接穗及接口处的湿度,是嫁接成活的一个重要保证,生产上常用塑料薄膜包扎接口和接穗封蜡保持湿度;黑暗条件下能促进愈伤组织的形成,一般以适当遮阳条件下的弱光为好,芽接的部位多选择砧木的北侧。

(3)砧木和接穗的质量:砧木和接穗组织充实,贮存的营养丰富,嫁接后容易成活。因此,应选择组织充实、芽体饱满的枝条作接穗,同一接穗,应利用中间充实部位的芽或枝段进行嫁接。

(4)嫁接技术:正确的嫁接技术要求砧穗削面要平整光滑、砧穗形成层要对齐、操作要迅速准确、嫁接口包扎要严,即"平、齐、快、严"。正确的嫁接技术可提高嫁接成活率。

(5)其他因素:部分果树因生理生化特性,常在伤口处产生特殊物质而影响嫁接成活率,如核桃、葡萄等出现的伤流;桃、杏等树种伤口部位易流胶;核桃、柿、板栗等树种切面细胞内单宁氧化形成不溶于水的单宁复合物,都影响愈合组织的形成而降低成活率。

3.砧木与接穗的相互影响。

(1)砧木对接穗的影响。砧木影响接穗的生长、结果和抗逆性。嫁接后,某些砧木可促进树体生长高大,这种砧木称为乔化砧。如海棠是苹果的乔化砧,杜梨是梨的乔化砧等。另一些砧木嫁接后使树体矮小,这种砧木叫矮化砧。例如SH系、M系和MM系苹果矮化砧及K系梨属矮化砧等。一般乔化砧寿命长,矮化砧寿命短。

砧木对嫁接果树达到结果期的早晚、果实成熟期及品质都有一定的影响。例如,嫁接在矮化砧或半矮化砧上的苹果进入结果期早,嫁接在保德海棠上的红星苹果色泽鲜红而且耐贮藏。

果树嫁接所用砧木一般是野生或半野生的种类,它们都具有较强的适应性,表现不同程度的抗旱、耐寒、抗涝、耐盐碱和抗病虫害等特性。如山定子的某些类型可抵抗零下50℃的低温,苹果在山定子上嫁接后抗寒能力增强。而海棠果、西府海棠等耐盐碱力较强,嫁接苹果后能增强其抗盐碱能力。因此利用这些砧木可提高嫁接果树的抗逆性和适应性,进而扩大果树的栽培范围,提高经济效益。

(2)接穗对砧木的影响:嫁接果树,其根系的生长是靠地上部制造的有机营养。因此,接穗对砧木也会产生一定影响。例如,用杜梨做梨的砧木,其根系分布浅且易发生根蘗。

(3)中间砧的影响:中间砧是砧木的另一种利用形式,即在接穗和砧木之间再嫁接一段砧木,叫中间砧,将原来的砧木称为基砧或根砧。若中间砧为矮化砧,则称为矮化中间砧。矮化中间砧对接穗和基砧均有影响,可以使果树矮化如"双矮"苗木,就是利用了矮化中间砧,使果树达到矮化目的,提前进入结果期,并能抑制基砧根系的生长。矮化中间砧的矮化效果与中间砧的长度呈正相关,中间砧越长矮化效果越明显。一般使用长度为20~30cm。

4.砧木苗的培育。

(1)砧木的选择:由于砧木对接穗产生的深远影响,因此对砧木的选择是培育优良果苗的重要一环。选择果树砧木时应依据以下原则进行:与接穗有良好的亲和力;对接穗的生长与结果有良好的影响,如生长健壮、丰产、寿命长等;对栽培地区的环境条件适应能力强。如抗旱、抗涝、抗寒、抗盐碱、抗病虫害等;种源丰富、繁殖容易且能就地取材;具有某些特殊性状如矮化等。北方主要果树常用砧木见表2-5。

表2-5　北方主要果树常用砧木

树种	砧木		砧木特性
苹果	西府海棠		类型较多,比较抗旱、耐涝、耐寒、抗盐碱,幼苗生长迅速,嫁接亲和力强
	山定子		抗寒性极强,耐瘠薄,抗旱,不耐盐碱。
	楸子		抗旱、抗寒、抗涝、耐盐碱,对苹果绵蚜和根头癌肿病有抵抗能力。
	矮化砧	M7	半矮化砧。早果、早丰产、抗寒、耐瘠薄,适应性强,但易生根癌,是各国广泛应用的砧木。
		$m^2 6$	矮化砧。矮化程度介于M9和M7之间,抗逆性、固地性强于M9,抗寒力较强,可耐-17.8℃的土温。为各国推广砧木。
		M9	矮化砧。早果性强,果实品质风味亦佳,唯其根系小且分布较浅,固地性差,木质脆而易断,抗逆性不强,适合作中间砧,在肥水条件好的地区栽植。
		MM106	半矮化砧,根系发达,较耐瘠薄,抗旱,抗棉蚜及病毒病,结果早、产量高,适合作中间砧,在干旱地区表现良好。
		SH系	矮化及半矮化砧木,有较强抗寒、抗旱、抗抽条和抗倒伏能力,嫁接亲和力强,早果丰产,果实着色及风味品质好,耐贮藏。

梨	杜梨	根系发达,抗旱、抗寒、耐盐碱,嫁接亲和力强,结果早,丰产,寿命长。
	秋子梨	抗寒力极强,抗腐烂病,不耐盐碱,丰产,寿命长,与西洋梨品种亲和力弱。
	褐梨	抗旱、耐涝、适应性强,生长旺盛,树冠大,结果晚。
桃	山桃	耐寒、抗旱、较耐盐碱,嫁接亲和力强。
	毛桃	根系发达,抗湿性强,结果早,寿命较短,嫁接亲和力强。
	毛樱桃	抗寒、抗旱、适应性强,生长缓慢,具有矮化效果,嫁接亲和力强。
葡萄	山葡萄	抗寒性极强,嫁接亲和力良好,扦插难生根。
	贝达	抗寒,结果早,嫁接亲和力好,扦插易生根。
杏	山杏	适应性强,耐干旱、瘠薄。
	山桃	适应性比山杏差,结果早,寿命短。
李	山桃	生长势强,结果早,品质好,与中国李嫁接易成活。
	山杏	结果较迟,不耐涝,芽接时易流胶,影响成活。与中国李及欧洲李嫁接易成活。
樱桃	酸樱桃	耐寒,抗旱,对土壤要求不严。
	草樱桃	有矮化作用,对土壤要求不严,耐寒性差。
	马哈利樱桃	根系发达,耐寒、抗旱、耐瘠薄,适宜山地、沙质壤土。
山楂	野山楂	适应性强,生长结果良好。
柿	君迁子	耐寒、抗干旱、耐盐碱、耐瘠薄、适应性强,寿命长。
枣	酸枣	耐干旱、耐盐碱、耐瘠薄,结果早,亲和力强。
桃	核桃楸	适应性强,有"小脚"现象。
	枫杨	嫁接易成活,抗湿,不抗寒,后期根蘖多,生长弱。
	马哈利樱桃	根系发达,耐寒、抗旱、耐瘠薄,适宜山地、沙质壤土。
板栗	茅栗	抗湿、耐瘠薄,适应性强,结果早。

（2）砧木种子:砧木种子的采集、种子的休眠和层积处理、浸种催芽、种子生活力的鉴定、播种、播后管理见实生苗的繁殖与培育等内容。

5.接穗的选择与采集。接穗采自优良品种的植株上。采取接穗的母株必须生长发育健壮,无检疫病虫害,而且具有丰产、稳产、优质的特性。

芽接用的接穗应采自母株树冠外围的当年生的发育枝。在生长季芽接时,最好随采随接。采后立即剪掉叶片(需保留叶柄检查成活率)以减少水分蒸发。如当日或次日嫁接,可将接穗的下端浸入水中;如隔几日嫁接,则应在阴凉处挖沟铺沙,将接穗下端埋入沙中,并喷水保持湿度。

枝接用的接穗应采用生长充实、健壮的一年生枝,可结合冬季修剪采集,采集的接穗按品种打捆,并加品种标签,埋于窖内或沟内的湿沙中。在贮藏期间,注意保温防冻;春季回暖后,要控制接穗萌发,以便延长嫁接时期。

接穗需要长途运输时,应用塑料薄膜包好,再装入布袋或木箱中,以保持水分。

枝接的接穗在嫁接前用石蜡密封,可大大提高嫁接成活率,并可免去接后埋土保湿。而且保存期长,可延长嫁接时期。封蜡的方法是把石蜡熔化加温至110～120℃,将接穗在石蜡液中速蘸约1/10s,使接穗表面形成一层极薄的蜡膜即可,封蜡时注意不要烫伤接穗和芽。

6.嫁接方法。生产上常用的嫁接方法主要有芽接和枝接。

(1)芽接法:是应用最广泛的一种嫁接方法。其优点是可经济利用接穗,当年播种的砧木苗即可进行芽接;而且操作简便、容易掌握、工作效率高、嫁接时期长、结合牢固、成苗快,未嫁接成活的便于补接,能大量繁殖苗木。

芽接时期在春、夏、秋三季。凡皮层容易剥离,砧木达到芽接所需粗度,接芽发育充实均可进行芽接。北方,由于冬季寒冷,芽接时期主要在7月初至9月初。过早芽接,接芽当年萌发,冬季易受冻害;芽接过晚,皮层不易剥离,嫁接成活率低。近年来,为加快育苗速度,可采用"三当"育苗法,即当年播种、当年嫁接、当年育成果苗。

常用的芽接方法有T字形芽接、方块形芽接及嵌芽接等。芽接中应用最广的方法是T字形芽接,其操作程序如下。

1)削芽片:左手拿接穗,右手拿嫁接刀,先在被取芽上方0.5～1cm处横切一刀,深达木质部,宽度为接穗粗度的1/2～1/3,再在芽的下方1～1.5cm处斜削入木质部,由浅入深向上推刀至与横切口相遇,用右手捏住接芽两侧,轻轻一掰,取下一个盾形芽片。

2)切砧木:在砧木苗基部离地面5cm处,选择光滑部位,用嫁接刀先横切一刀,再在横切口中央往下竖切一刀,成长1.5cm左右的T字形切口,深度以切断皮层而不伤木质部为宜。

3)插芽片:用嫁接刀的骨柄将砧木切口皮层拨开,左手将盾形芽片插入T字形切口,紧贴木质部向下推进,直至芽片上方与T形横切口对齐,切忌让芽片"枕枕头",即芽片上方"枕"在T形横切口上。

4)绑缚:用塑料薄膜条从下向上压茬绑缚,注意露出叶柄,伤口包扎要严密,捆绑要紧固。

(2)枝接法:果树的枝接时期,以砧木树液开始流动而接穗尚未萌发时最好。但树种不同,枝接的适期亦有区别。不同果树枝接适宜时期见表2-6。

表2-6 不同果树枝接时期及方法

树种	枝接时期	适用方法	采用接穗
苹果梨、桃、杏	萌芽前后(3月下旬至4月上旬)	切接、腹接、插皮接、劈接	1年生充分成熟的发育枝,每接穗应有饱满芽2～3个。

束	萌芽前后或生长季期(4月下旬)	嫩梢接	1~2年生枣头1次枝或2次枝,生长季利用当年生枣头。
柿	展叶后(4月下旬)	插皮接或切接	发育健壮的1年生枝,每接穗有两个以上饱满芽。
板栗	树液开始流动至近萌芽期	劈接、方块芽接	生长季节利用未萌发的芽
	芽膨大期(4月上中旬)	切接、腹接、插皮接	有2个腋芽的1年生发育枝
核桃	砧木顶芽已萌动(4月下旬至5月上旬)	劈接、切接、插皮接	粗壮1年生发育枝的中上部,每接穗应有2个芽。

常用的枝接方法有劈接、切接、腹接、插皮接、舌接等。其中劈接常在砧木较粗或砧穗等粗时采用,且不受砧木离皮的限制,是应用广泛的一种枝接方法,其操作程序如下。

1)削接穗:在选好接穗的下端削成两个等长的斜面,为3~4cm,削时注意靠近芽的一侧稍厚,相对应的一侧较薄,削面要光滑,最后接穗留2~3个芽剪断。

2)劈砧木:先将砧木从嫁接处剪断或锯断,修平茬口,然后在砧木断面中央劈(剪)一垂直切口,长约3cm。

3)插接穗:将削好接穗厚的一面朝外,薄的一面朝内插入砧木切口,插入时注意接穗的形成层至少与砧木一侧的形成层对齐,接穗削面上端要露出切口0.3~0.5cm,俗称露白,以利于伤口的愈合。较粗的砧木可插入两个接穗。

4)绑缚:将砧木断面和接口用塑料薄膜缠紧包严,上套塑料袋,以免接穗失水,影响成活,接穗成活后,及时摘除塑料袋,防治袋内温度过高,烫伤嫩芽和嫩梢。

7.嫁接成活的技术关键。嫁接能否成活,嫁接技术十分重要。果树嫁接时应掌握的技术关键主要有以下几点。

(1)砧木和接穗的形成层必须对准对齐:接穗、砧木的削面越大,则结合面越大,嫁接成活率越高。

(2)嫁接成活率:无论哪种嫁接方法,削面暴露在空气中的时间越长,削面越容易氧化变色,影响愈合组织的形成而降低嫁接成活率。尤其是核桃、板栗、柿的枝芽中含单宁较多,在空气中易氧化变黑,影响成活。因此,嫁接时,操作要熟练,动作要快。

(3)砧穗的结合部位:要绑紧绑严,使砧穗形成层密接,促进成活。

(4)嫁接后:要保持适当湿度,是能否成活的关键。因此,枝接时采取的接穗封蜡、套塑料袋等措施,主要是为了保湿,促进愈合组织的形成而提高嫁接成活率。

8.嫁接苗的管理。

(1)检查成活及补接:多数果树,芽接后15天即可检查成活情况,凡芽体和芽片呈新鲜状态,叶柄一触即落时说明已经成活。芽接未成活的,如砧木尚能离皮,可行补接,补接时要防止品种混杂。枝接后1个月左右检查成活,若接穗新鲜,伤口愈合良好,芽已萌动生长且达到一定长度,表明已成活,未成活者,应将原接口重新落茬,利用提前贮存好的接穗进行补接。

（2）解绑：芽接20天后解除捆绑，秋季芽接稍晚的可推迟到来年春季发芽前解除。枝接一般在接穗发枝并进入旺盛生长后解除捆绑，若当地春季风大，为防嫩梢折断，应立支柱绑缚新梢。

（3）剪砧：芽接应在春季萌芽以前，将接芽以上的砧木剪除，以集中营养供接芽生长，剪口应在接芽以上0.5cm处呈马蹄形。

（4）抹芽除萌：剪砧后，砧木上的不定芽要发出大量的萌蘖，为了不影响接芽的生长，在生长期要多次进行抹芽和除萌。

（5）其他管理：嫁接苗生长的前期，应注意加强肥水管理，中耕除草，防治病虫害，秋季适当控氮肥、控水，促进枝条成熟。

（三）自根苗的繁殖与培育

自根苗是用扦插、压条、分株等方法繁殖的苗木。自根繁殖的果树，其发育阶段是继续母株的发育阶段。因此，进入结果期较早，变异性小，能保持母株的优良特性，生长较为一致；繁殖比较简单，繁殖系数较低，抗逆性、适应性较差。

1.自根苗繁殖的原理。自根繁殖主要利用植物器官的再生能力发根或发芽后，与母株分离形成一个独立的植株。无论采取哪种自根繁殖的方法，成活的关键在于形成不定根或不定芽的能力，而再生不定根或不定芽的能力与树种在系统发育过程中形成的遗传性有关。

2.影响扦插、压条生根的因素。

（1）内因。

1）树种、枝龄及位置：果树树种不同，其枝上发生不定根或根上发生不定芽的能力不同。枣、山楂、山定子、核桃、李、海棠等树种，枝条上发生不定根的能力很弱，而根上产生不定芽的能力很强，根插易成活。而葡萄、石榴等树种，枝条上容易产生不定根，扦插枝条容易成活。

枝条年龄对扦插成活影响也较大，通常从实生幼树上剪取的枝条较容易发根，枝龄较小，皮层幼嫩，其分生组织的生活力强，扦插容易成活。

2）插条内的营养物质：在营养物质中，尤其以碳素、氮素营养对促进生根关系密切。插条中的淀粉和可溶性糖类含量高时发根好。许多树种的插条在糖液中浸泡一定时间，可以提高发根率。在氮素营养中，有机氮较无机氮更能促进生根。生产过程中使用氮肥，给予母株充足的光照，对果树采取环剥或环缢等，都可以使枝条积累较多的营养物质和生长素，有利于扦插、压条的成活。

3）生长调节剂：有些生长调节剂能促进形成层细胞的分裂，加速愈合组织的形成，同时还可加强淀粉和脂肪的水解，提高过氧化酶的活性，从而提高生根能力。生长素、赤霉素、细胞分裂素对根的分化均有作用。生产上常在扦插前用外源激素如吲哚丁酸、ABT生根粉等处理插条,均可促进生根。

此外,维生素类物质也是营养物质之一,现已证明维生素B1、维生素B2、维生素B6、维生素C以及烟碱在生根中是必需的。维生素与生长素混用,对促进生根作用更佳。

(2)外因。

1)温度:在北方春季气温的升高快于土温,而插条生根的最适土温为15~20℃以上或略高于气温3~50C,因此,提高早春土壤温度,使枝条先发根、后发芽,以利于根系对水分的吸收和地上部分的水分消耗趋于平衡,可促进扦插成活。

2)水分:插条在生根以前往往地上部芽体萌发在先,消耗大量水分;即使生根以后,根系吸收水分的能力与地上部的耗水量,在相当长的一段时间内不能达到平衡。而细胞的分裂、分化,根原体的形成都需要一定的水分供应,因此,扦插失败主要是由于插条内水分的过量损失和水分供需的失调造成。一般要求在插条旺盛生长之前,土壤含水量不能低于田间最大持水量的50%~60%。

3)土壤通气:除温度和水分外,土壤通气也影响插条的生根。例如葡萄扦插,土壤的含氧量在15%以上时发根最好,土壤中含氧量低于2%时,几乎不能发根。一般树种扦插发根时,要求适宜的水分和空气之比大致为1:1左右。因此,扦插时应选择土壤结构疏松,通气保水状况良好的沙壤土。

4)光照插条生根前或发根初期,强烈的光照会加速插条及土壤水分的蒸发而使插条干枯、死亡,导致扦插失败。所以扦插时忌强光直射,尤其是嫩枝扦插,在扦插初期,应搭棚遮阳。

3.促进生根的方法

(1)增加温度:早春扦插常因土温低生根困难,成活率低。可采用加温愈伤处理,促进生根。目前生产上利用的加温方法有火炕、电热加温、阳畦、塑料棚、温室等。依据的原则是在保持湿度的条件下,使插条基部保持20~28℃,插条上部保持10~15℃,能促进愈伤组织的形成(大约需要10天时间),再经过降温锻炼2~3天,即可扦插。

因此,在葡萄扦插前利用薯炕增加温度,促进插条生根。插条基质温度保持在20~28℃,气温8~10℃以下,为保持适当湿度需要经常喷水,可促进根原体迅速分生,而延缓芽的萌发。也可用阳畦、塑料薄膜覆盖或利用电热等热源加温,促进生根。

(2)施用生长调节剂:对不易发根的树种、品种,施用生长调节剂增强插条的呼吸作用,提高酶的活性,促进分生细胞的分裂而生根。生长调节剂种类繁多,常用的植物生长调节剂有吲哚丁酸(IBA)、吲哚乙酸(IAA)和ABT生根粉等。采用的浓度为5~100mg/kg,插条基部浸泡12~24h为宜。

(3)造伤处理:对扦插生根比较困难的树种、品种,可进行"造伤"处理如刻伤、环剥、环刻等,以促进生根。这些"造伤"处理可使营养物质和生长素在伤口部位积累,提高了过氧化氢酶活动,从而促进细胞分裂和根原体的形成。

(4)黄化处理:在新梢生长初期用黑布或纸条等包裹基部,使叶绿素分解消失,枝条黄化,皮层增厚,薄壁细胞增多,生长素积聚,有利于根原体的分化和生根。生产上常用培土的方法使插条黄化。黄化处理时间须在扦插前3周进行。

4.繁殖方法。

(1)扦插繁殖。

1)枝插:分硬枝扦插和嫩(绿)枝扦插两种。

第一种是硬枝扦插。是利用完全木质化的枝条进行扦插。如葡萄的硬枝扦插是在春季萌芽前进行。结合冬季修剪采集充分成熟,粗度适宜,无病虫害的一年生发育枝作为插条,剪截成长50cm枝段,50~100条一捆,在湿沙中贮藏,温度保持在1~5℃。扦插时将插条剪成2~3节为一段,上端剪平,下端剪成马蹄形,插条上端距离最上芽2cm。用萘乙酸或吲哚丁酸处理后,将插条斜插(与插床成45°角)在苗床上,在春季风大地区使顶芽露出地面并覆土保护。温暖而湿润地区扦插灌水后可不覆土。

第二种是嫩(绿)枝扦插。是利用当年生半木质化带叶绿枝在生长季进行扦插。选健壮的半木质化枝蔓,每段3节,将下部叶片去掉,只留上部两叶片,若所留叶片过大,为减少蒸腾,可把叶片剪去一半,插条最好在枝条含水量多而空气凉爽,湿度大时采集。扦插后应及时遮阳并勤灌水,待成活后再逐渐除去遮阳设备。

嫩枝比硬枝容易发根,但嫩枝对空气和土壤湿度的要求严格,因此生产上多用室内弥雾扦插繁殖,使插条周围保持湿度100%,叶片被有一层水膜,室内气温平均21℃左右,达到降低蒸腾作用,增强光合作用,减少呼吸作用,从而使难发根的插条保持生活力的时间长些,以利发根生长。

大面积露地嫩(绿)枝扦插以雨季进行效果最好。

2)根插:采用根段进行扦插繁殖,主要用于繁殖砧木。凡根上能形成不定芽的树种都可采用根插育苗,如李、山楂、枣、苹果、梨等。生产上多结合苗木出圃剪下的根段或留在地下的残根进行根插繁殖。根段一般粗0.3~1.5cm为宜,剪成10cm左右长,上口平剪,下口斜剪成马蹄形。根段可直插或平插,以直插容易发芽,但切勿倒插。

(2)压条繁殖法:压条是在枝条不与母株分离的状态下把枝条压入土中,促使生根,生根以后再与母株分离,成为一个独立新植株的繁殖方法。此法多用于扦插生根困难的树种。

1)垂直压条:也叫直立压条或培土压条。主要用于发枝力强,枝条硬度较大的树种,如苹果和梨的营养系矮化砧木、石榴、无花果、樱桃等。繁殖苹果的营养系矮化砧木,砧木的定植株行距为30cm×50cm,于春季萌芽前,母株距地面2cm剪断,促发萌蘖,当萌蘖新梢长到15～20cm时,第一次培土,高度约为新梢的1/2左右。当新梢长到40cm时行第二次培土,两次培土高度为30cm,宽40cm。培土前先行灌水,培土后,注意保持一定湿度。一般20天后开始生根。冬前或翌春扒开土堆进行分苗。

2)水平压条:用于枝条柔软、扦插生根困难的树种,如苹果矮化砧、葡萄等。繁殖苹果营养系矮化砧木采用水平压条时,每株按株行距30～50cm×150cm定植,把母株枝条弯曲到地面呈水平状态,用枝杈将其固定,为促使枝条上芽的萌发,在芽前方0.5～1cm左右处环割或刻伤,待新梢长到15～20cm时第一次培土,新梢长到25～30cm时,进行第二次培土。秋季落叶后挖起,分节剪断移栽。同时在靠近母株基部的萌蘖留1～2株。供来年再次水平压条使用。

3)曲枝压条:春季萌芽前或生长季新梢半木质化时进行。从供压母株中选靠近地面的1～2年生枝条,在其附近挖沟,沟的深度和宽度一般为15～20cm。沟挖好后,将待压枝条的中部弯曲压入沟底,用枝杈将其固定。为了促进生根,固定之前可先在弯曲处进行环剥。枝梢的顶端露出沟外,弯曲部分填土压平。秋末冬初将生根枝条与母株剪离,即成一独立植株。

(3)分株繁殖法:利用母株的根蘖、匍匐茎、吸芽等营养器官在自然状况下生根后切离母体,培育成新植株的无性繁殖方法。

1)根蘖分株法:适用于根系容易大量发生不定芽而长成根蘖苗的树种,如枣、山楂、樱桃、李、石榴、杜梨、海棠等。生产上常利用自然根蘖进行分株繁殖。为促使多发根蘖,可采用"切根法",即在休眠期或发芽前将母株树冠外围部分骨干根切断或造伤,并施以肥水,促使发生根蘖和旺盛生长,秋季或翌春挖出分离栽植。

2)匍匐茎分株法。草莓地下茎的腋芽生长当年即可产生匍匐茎,在匍匐茎的节上发生叶簇和芽,下部生根长成一幼株,夏末秋初将匍匐茎产生的幼株与母株切断,挖出即可栽植。

3)根状茎分株法。草莓根状茎分枝能力和发新根的能力比较强,草莓采收后,可将整株挖出来,将1～2年生根状茎逐个分离成为单株即可定植。

第二节　建园技术

果树是多年生植物,寿命长,都在同一地点生长结果。因此建立商品生产果园应选择生态条件良好、环境质量合格,并具有可持续生产能力的农业生产区域。只有这样才能实现果树的优质、丰产、高效和永续利用的目标。

一、园址的选择与规划设计

(一) 园址的选择

1.地势。

(1)平地:一般坡度不超过5°的缓坡地和比较平坦的地都可称为平地。在同一范围内的平地,土壤和气候基本一致,管理方便,利于机械化操作与运输。但在通风、日照及排水方面往往不如山地,所以果实品质及耐贮运力较山地差。根据平地的土壤成因和质地不同可分为冲积平原、河滩沙地、盐碱地等。冲积平原地面较平整,土壤差异小,土层深厚肥沃,适于栽培各种果树。河滩沙地有机质含量少,保水保肥力差,建园时应采取防风固沙、种植绿肥等措施,改良不利条件。盐碱地土壤较黏重、通气性差、肥力低,易盐渍化,造成果树缺素症,故盐碱化较重的地块一般不宜建园,若需建园必须先改良土壤。

(2)丘陵地:是介于平地和山地之间的一种地形。气候条件受坡度、坡向的影响较大,安排果树时要注意。如南坡(阳坡)气温高、日照多,果树物候期早,易遭晚霜冻害及日灼;蒸发量大,土壤易干旱。但另一方面由于日照多,昼夜温差大,果实色泽、品质好。北坡(阴坡)则日照少,温度低,湿度大,果实风味、色泽差。故东南坡、东坡较适宜建园。

(3)山地:一般将坡度在10以上的称为山地果园。以3~5度的缓坡建园最好,坡度在5~15亦可栽各种果树,坡度在20~30的山坡可栽深根性抗旱的仁用杏、板栗、核桃,坡度再大则不宜建园。山地果园随海拔高度的变化,温度、日照、雨量等条件发生变化,因而果树有成层分布的现象,在安排树种、品种时要注意。

2.土壤。土壤性状的好坏,直接影响果树的生长。沙壤土、壤土排水、通气性好,有利于果树根系的伸展,对果树的生长极为有利。黏重土壤排水不良,通气性差,根系生长不良,若不改良,不适于建园。

3.环境标准。无公害果品是当前我国果树生产的基本要求,而选择无污染的产地是生产无公害果品的基础。果园环境标准主要考虑空气环境质量、农田灌溉水质量、土壤环境质量等。园址尽量选择在远离污染源的地段;选择园地前必须对灌溉水源及园地土壤进行严格检测,根据国家标准选择没有污染的灌溉水源及园地。

(二) 果园规划和设计

果园地点确定后,先进行测量,划出地界,然后确定果园小区、道路、防护林、排灌系统及办公场地的建筑物等区划。

1.小区划分。小区是果园中耕作管理的基本单位。正确划分果园小区,是提高果园工作效率的一项重要措施。小区的大小,因地形、地势和气候条件而不同。小区形状以长方形为宜,长宽之比2:1~5:1,小区的长最好与主风向垂直。山地果园小区的长边需同等高线走向一致,并同等高线弯度相适应,以减少水土冲刷和有利于机械耕作。总之小区的划分应从实际出发,主要依据是便于田间操作与管理。

2.道路系统。果园道路一般由干路、支路和区内小路组成。干路是果园的主要道路,一般设在园内中部,纵横交叉,把果园分成几个大区,内与建筑物相通,外与公路相接,路宽6~7m。支路与干路相连,宽度4m左右。一般小区以支路为界。小区中间可根据需要设置与支路相接的区内小路,宽11~2m,便于作业。

山地果园的道路应根据地形修筑;丘陵地果园的干路和支路有时可修筑在分水岭上。

修筑山地果园道路,要注意在路的内侧修排水沟,路面稍向内斜,减少冲刷,保护路面。

此外,建筑物的设置,如包装场、肥料库、农具室等,可本着少占耕地的原则,按照需要设置在最便于工作的地点。果实贮藏窖要选冷凉、高燥的地点修建,有利于果品贮藏,便于运输。

3.排灌系统的规划。

(1)果园灌溉系统:果园的灌溉水源可来自江、河、湖泊及地下水。灌溉渠道紧接输水渠,将水分配到果园小区中的输水沟。输水沟可用明渠,也可用暗渠。现代化果园的灌溉渠道,皆用有孔的管道埋于园中,可以自动调节。山地果园的灌溉渠道,结合水土保持系统沿等高线按照一定的比降挖成明沟。这种明沟可以排灌兼用。无论是平地或坡地,灌溉渠道的定向都应当与果园小区的长边一致,而输水的支渠则与小区的短边一致。灌溉渠的密度可与果树行数相等,或为果树行的倍数。平地果园,如进行沟灌,则可不另开灌溉渠。现代化果园除了采用地面及地下管道浸润灌溉外,也可用喷灌和滴灌。

(2)果园排水系统:果园排水系统的规划和设计,主要是解决土壤水分和空气的矛盾。排水沟之间的距离可根据地下水位、年降雨量和最大降雨量以及土质、树种而定。如在低洼地建园,苹果园中排水沟的修筑比梨园重要,桃园比苹果园更重要,因为不同树种抗涝能力不同。山地、丘陵地果园,雨季冲刷加剧等都需修排水系统。常用的排水措施有:

1)明沟排水:在地面掘明沟,排除地表径流。明沟挖得深时也兼有排地下水过高的作用。不同地势的果园设计明沟排水系统方法不同,如山地果园宜用明沟排水,排水系统应按自然水路网的趋势设计,由集水的等高沟和总排水沟所组成。排水沟的比降一般为0.3%~0.5%。而平地果园的明沟排水系统是由果园小区的集水沟和小区边缘的支沟与干沟三个部分组成。注意沟与沟相结合的地方必须有一弧度。以免泥沙阻塞,影响水流速度。

2)暗沟排水:地下埋置暗管或其他补充材料,形成地下排水系统,将地下水降低到要求的高度。暗沟排水的优点在于不占用果树行间的土地,不影响机械操作,可以免除明沟排水的缺点。

(三) 果园防护林营造

果园设置防护林不仅可防止风沙侵袭,保持水土,减轻风、沙、寒等自然灾害,还可改善果园小气候,增加收入。防护林的作用范围,与它的结构,果园地形等有关。一般情况下有效范围在背风面约等于林带高度的 20~30 倍,迎风面有效范围约为林带高度的 5 倍。[1]

林带可分为透风林带和不透风林带两种。不透风林带是由多行乔木和灌木相间配合组成。林带上下密闭,气流不易通过。因此在迎风面形成高气压,迫使气流上升,跨过林带的上部。这样空气密度下部小,上部大,越过林带后,迅速下降恢复原来速度,因而防护距离较短,但在其防护范围内的效果较大。透风林带,气流可从林间通过,使风速大减,因而防护范围较远,但防护效果较小。

防护林配置的方向和距离应根据当地主要风向和风力来决定。一般要求主林带与主风向垂直,通常由 5~7 行树组成。风大地区,可增至 7~10 行,带距相隔 400~600m。为了增强主林带的防风效果,可在与其垂直方向设副林带,由 2~5 行树组成,带距 300~500m。为了保证防风效果和利于通气,边缘主林带可采用不透风林带,其余均可采用透风林带。

林带树种的选择,应本着就地取材,以园养园,增加收益的原则,选择对当地立地条件适应性强、生长快、树冠大、寿命长、与果树没有共同病虫害且具有较高经济价值的树种,如杨、柳、刺槐、黑枣、紫穗槐、荆条、枸杞、花椒等。

(四) 树种品种的选配

在选择树种、品种时,必须根据树种、品种的生物学特性及对环境条件的要求,以市场为导向,结合当地的立地条件与果园经营方针,来正确地选择果树的树种、品种。

1. 根据当地气候条件选择优良品种。目前的果树品种不胜枚举,成千上万,而我国幅员广阔,各地气候差异极大,品种适应性也各不相同。在选择品种时,一定要选择适合当地气候和土壤的品种,只有在良好的环境下果树才能丰产、稳产、优质。

2. 根据果园经营方针进行选配。如在距城镇较近处建园,则应以周年供应城镇鲜果为目的,尤其要注意解决当地淡季供应问题。在树种、品种的配置上可以多样化。同一树种可配以早、中、晚熟品种,以延长鲜果供应期与合理调配劳动力和贮运工作。在距城市较远的地区与交通不便的山区建园,必须选择耐贮运的树种如枣、栗、核桃等。如附近有加工厂可与加工厂签订合同,栽种加工品种。

3. 以市场为导向选择适宜品种。果品市场的需求就是指挥棒,有市场,才能有效益,故应根据市场需求合理地搭配鲜食与加工,鲜果与干果,早、中、晚熟品种;同时注意进行市场考察,精选出名、特、优、新品种。

---

①赵连吉,李秀娥. 浅谈果园防护林的作用及其营造技术[J]. 吉林林业科技,1999(4).

4.根据果园特点选择品种。小果园和生产园,品种宜少,1~2个就行。大果园(500亩以上)品种可多,可选1~2个树种,3~5个品种。观光园则宜选择多品种种植,而且要选择部分观赏性强的果树品种(如观赏桃等),力争做到四季有花、月月有果。农家乐则选择高档品种,可种植一些易于采摘的果树如樱桃、草莓等,增加体验的快乐。

(五) 授粉树的配置

雌雄异株、自花不实是造成许多品种单一的果园适龄不结果、产量低的重要原因。异花授粉是使所有果树正常结果、提高座果率有效措施,所以建园时要合理配置授粉树。优良的授粉品种具有下列条件:一是能与主栽品种同时进入结果期,同时开花,且能产生大量发芽率高的花粉;二是与主栽品种能相互授粉,无杂交不孕现象,且有较高的经济价值;三是与主栽品种的成熟期一致或前后衔接。为便于选择授粉品种,现将主要树种适宜的授粉品种归纳于表2-7中。

表2-7 主要果树品种的适宜授粉品种

树种	主栽品种	适宜授粉品种
苹果	富士	红星系、王林、津轻、金星、千秋、东光、世界一
	红星系	富士、王林、津轻、嘎拉、金早、千秋、东光、惠
	乔纳金	红星系、富士、津轻、王林、嘎拉
	津轻	富士,红星系、嘎拉、世界一
	王林	嘎拉、千秋
	陆奥	红星系、津轻、金星、千秋
	嘎拉	金星、印度
	金星	红星系、富士、王林、嘎拉、千秋、世界一
	千秋	富士、津轻、世界一、嘎拉
	北斗	世界一、千秋、金冠
	世界一	富士、王林、金星、千秋、嘎拉
	大秋果	铃铛果、公主岭国光、金红
梨	苹果梨	鸭梨、京白梨、锦丰、谢花甜、南果梨、巴梨、秋白梨
	南果梨	秋白梨、洋红梨
	冬果梨	酥木梨、长把梨
	京白梨	蜜梨、秋门梨、沙果梨
	鸭梨	雪花梨、茌梨、秋白梨、香水梨、京白梨、锦丰
	茌梨	鸭梨、秋白梨、香水梨
	雪花梨	鸭梨、茌梨、锦丰
	砀山酥梨	砀山马蹄黄、紫酥梨
	锦丰	鸭梨、早酥、雪花梨、砀山酥梨

	早酥	鸭梨、苹果梨、雪花梨、砀山酥梨
	秋白梨	鸭梨、雪花梨、蜜梨、茌梨、京白梨
	栖霞大香水	茌梨、小香水
	巴梨	三香梨,冬香梨、日面红
桃	五月鲜	冈山 500 号、大久保
	肥城桃	大久保
	冈山白	冈山 500 号

授粉树与主栽品种的距离一般不超过 50 ~ 60m。

在果园中的配置方式常用的有:若与主栽品种有同样经济价值,又能相互授粉时可用2:2、4:2,若经济价值较小可用1:2 ~ 4,即1行授粉树2 ~ 4行主栽品种,若原来园中无授粉树,可采用中心式配置1:8,即改接中心1株作授粉树,在山丘地授粉树也宜等高栽植,并应设置在主栽品种上方。

二、果树栽植

(一) 栽植密度和方式

1.栽植密度的确定。栽植密度应根据树种、品种、砧木类型、土壤质地、气候条件来确定。例如核桃、板栗、柿子等树体高大,株行距宜大。同一树种在土层深厚的肥沃地生长高大,株行距要比栽在土壤瘠薄、土层浅的要大;嫁接在矮化砧上的树体比嫁接在乔化砧上的要矮小,株行距应比乔化砧小。现将北方主要果树常用栽植密度列表2-8,供生产上参考。

表2-8　北方主要果树常用栽植密度

果树种类	株距×行距(m)	每公顷株数(株)	备注
苹果	4×6~6×8	405~210	乔化砧
	2×3~3×5	1665~660	半矮化砧
	1.5×3~4×4	2250~1245	矮化砧
梨	3×5~6×8	660~405	乔化砧
桃	2×4~4×6	1245~405	乔化砧
葡萄	1.5~2×2.5~3.5	4440~1665	单篱架
	1.5~2×4~6	2220~1245	棚架
核桃	5×6~6×8	285~210	
板栗	4×6~6×8	405~210	
枣	3~4×7~10		
大枣	5~6×20~30	450~300	枣粮间作
小枣	3~4×20~30		枣粮间作

| 柿 | 3×5~6×8 | 660~210 | |
| 山楂 | 3×4~3×5 | 825~660 | |

2.栽植方式。果园的土壤管理制度、机械操作及对不良环境的适应能力均影响果树的栽植方式。合理密植可经济利用土地和光能,提高单位面积产量,并能增强群体作用,改善小气候条件,减轻风害、旱害、冻害、日烧等自然灾害。在进行合理密植时应注意密株不密行,即株距可以小些,行距不宜过小,行距过小,不便操作。现将常用的栽植方式总结如下。

(1)长方形栽植:是生产上最广泛采用的栽植方式。其特点是行距大于株距,通风透光好,适于密植,便于操作管理。

(2)正方形栽植:株行距相等,通风透光好、管理方便,但不适于密植,土地利用不经济。

(3)等高栽植:适于山地、丘地栽植,利于水土保持,使果树栽在等高线上。计算株数时要注意加行与减行问题。

(4)带状栽植(宽窄行栽植):一般以两行为一带,带距为行距的3~4倍。带内采用株行距较小的长方形栽植。由于带内较密,群体抗逆性增强。而带间距离大,通风透光好,便于管理。

(5)计划密植:为早期获得丰产,在栽植时按原定的株行距加倍,对临时株严加控制,使其早结果,待树冠相交时可以隔株间伐或间移,再密时隔行间伐或间移。但采用计划密植必须要有技术力量做保障,否则易形成果树尚未结果,果园已郁闭。

(二)栽植时期及栽前准备

1.栽植时期。一般落叶果树在落叶后至春季萌芽前均可进行,栽植时期分为分秋栽与春栽,秋栽适于秋季气温较高的地区,时间为果树落叶后至土壤结冻前(大约11月中旬)。秋栽利于伤口愈合,来年发芽早,生长快,但冬季严寒地区,秋栽易发生冻害或抽条现象,从而影响成活率。春栽以春季土壤解冻后至萌芽前进行为宜(3月下旬至4月上旬)。

2.栽植前的准备。

(1)选用优质、壮苗:不论自繁或购入的苗木,栽植前首先要对苗木的品种进行核对、登记、挂牌;然后对苗木进行质量分级,选用根系完整,枝条粗壮,干皮有光泽,芽大而饱满,苗高1m左右,无检疫对象的优质苗木栽植,这种优质苗木栽后缓苗快、成活率高、生长健壮,为早结果、早丰产打下了良好的基础。远地购入的苗木,若不立即栽植则应假植。

(2)树穴(沟)准备:果树是多年生作物,一旦栽上后,土壤就很难再翻动,且果树大多栽在沙滩地与山岭薄地或轻盐碱地,因此栽前土壤改良特别重要。有条件的地方最好全园深翻熟化。如果劳力不足、肥料不足,可按株行距定点挖穴(沟),密植时应定线挖穴(沟),穴(沟)的深宽一般为1m×1m,沙土保肥保水能力差,应将沙、土、肥充分混匀后填入穴(沟)中。挖穴(沟)时将表土和心土分置两侧。填穴(沟)时应分别掺入有机质或有机肥,肥料和表土混匀后放回原位,不要打乱表土和心土的位置。回填土后应立即浇透水,借水沉实土壤,以免栽后浇水,苗木下沉,造成栽植过深,树体生长不良。此项工作最好在栽前一个月完成。

（三）栽植技术

1.栽植技术。在浇水沉实后的树穴(或沟)中挖出40cm见方的小坑,挖出的土加15～20kg的优质有机肥和50～100g氮肥,与土充分混匀,缺磷的土壤还应加入50～100g的磷酸二铵或过磷酸钙;然后将掺肥后的土回填入小坑中,小坑中央呈土丘状,将栽植苗木放入小坑中央,使其根系在坑内均匀分布,同时进行前后、左右对直校正;继续埋土,轻轻踏实并将苗木稍稍上下提动,使根系舒展,与土壤密接,继续埋土直至苗木出圃时留下的土痕处;轻轻踏实后立即浇大水,水渗后封土或覆盖地膜保墒。

2.各地栽植经验。

(1)旱栽法:多用于水源缺乏的地区。关键是抓住墒情栽树。苗木要随挖随栽,快挖快栽,一律用湿土填埋踏实。栽好后,立即将苗木按倒,全部用土埋住,以免风吹植株失水,影响成活。冬季埋土30cm左右,春季15cm即可。在芽萌动时,将土除去,以后仍需继续做好保墒工作。

(2)深坑浅埋法:适用于风大干旱地区。栽时先挖60～100cm深的坑,在坑西北边做20～30cm高的挡风土埝,然后按一般方法填坑栽树。所不同的是,栽的较深,使苗木接口(或原土痕)在坑内25～30cm,埋土仍埋至接口处,栽好后充分灌水,水渗下,盖土5～10cm。幼树成活后,将坑边铲成斜坡,使树盘成为盆底形,以利保水积雪。

(3)台田栽植:在低洼地、盐碱地建园,为了排水压碱,栽植前,根据栽植行距结合地块具体情况,于两侧挖排水沟,筑成台田,将果树栽于台田上。

(4)坐地苗建园:寒冷地区及自然条件恶劣的地区建园可用此法。按规定的株行距,就地播种或栽植砧木,然后当砧木长到一定大小时,进行嫁接。成活后的果树,对恶劣的气候适应性强。

(5)大树移栽:已进入盛果期的大树,由于栽植过密、过稀或其他原因,需要移入或移出果园。大树移栽时期,北方以早春化冻到发芽前为宜。最好在前一年春天采用回根法,即围绕树干挖一条宽30～50cm,深50～80cm的沟,切断根系填入好土,促发新根,以提高栽植成活率,秋天或春天再在预先断根处稍外方开始掘树。为了保护根系,提高成活率,最好采用大坑带土移栽,并在移植前对树冠进行较重修剪,并疏除花芽(但不应破坏骨干枝和结果枝组的骨架)。栽植方法可与一般栽树方法相同。

(四) 栽植后的管理

1.树体管理。栽后立即按整形要求定干。春旱地区或秋栽的植株,为防止抽条发生,应浇封冻水,同时在北方冬季寒冷地区,幼树越冬易抽条,可根据当地情况进行防寒处理(如在果树北侧培高60~70cm半圆形的土埂,幼树卧倒埋土等),从而解决"冻、旱"问题。风大地区应立支柱。

萌芽后及时抹除砧木上的芽。栽植半成苗时更要注意。

2.土壤管理。春栽的树,定干后立即用地膜覆盖(面积在1m2以上)树盘,四周用土压实封严,保墒增温。秋栽的树,浇水后根颈处培土,发芽时及时扒开,以改善土温及空气条件,并在树干周围做树盘以利蓄水保墒。行间种植间作物时必须留出树盘。

3.肥水管理。新叶初展后(5月),采用每10天一次,连喷2~3次0.3%~0.5%的尿素;6月土壤追施氮肥每株50~100g;8月末、9月初新梢停止生长时,为防叶片早衰,可每10天一次,连喷2~3次0.5%的尿素。若新梢生长过旺,为促使枝条成熟,可喷0.4%~0.5%的磷酸二氢钾。

4.防治病虫害。主要虫害有金龟子、蚜虫、红蜘蛛、刺蛾、舟形毛虫、天幕毛虫等。金龟子类可利用其假死性,在傍晚日落时振落捕杀。对蚜虫类、红蜘蛛可喷洒吡虫啉、氧化乐果或其他菊酯类农药。但桃、杏、樱桃等对乐果过敏,切忌施用。为预防褐斑病等早期落叶病可喷波尔多液。

5.检查成活率及时补植。及时检查成活率,对受冻害和旱害的苗木应在好芽处重截,促发新枝。未成活的植株应立即补栽。

第三节 整形修建技术

果树的整形修剪是果树栽培管理过程中的一项重要的技术措施。[①]是根据果树的生物学特性、生长发育规律、不同的年龄阶段对地上部采取的与果树整形修剪有关的各种技术措施。

要很好地理解和掌握果树的整形修剪技术,首先要了解果树的枝芽特性。

一、果树的枝芽特性

(一) 果树的芽

果树的芽是由枝条、叶片、花的原始体及鳞片、苞片、过渡叶和生长点构成的。经过芽原基出现期、鳞片分化期及雏梢分化期才能形成一个完整叶芽。在芽的发育过程中,

---

①赵大为. 果树的整形修剪技术[J]. 农业工程技术,2016,36(11).

外界环境条件和树体的营养状况不同,在同一枝条上不同部位的芽在形态和质量上存在差异的现象,称之为芽的异质性。了解芽的异质性,在指导果树整形修剪过程中,选留不同质量的芽或不同部位的芽作为剪口芽来调节果树枝条的生长势。

(二) 果树的萌芽

春季由于气温的上升,果树体内呼吸作用及酶活性的提高,贮藏营养开始水解和生长类激素向生长点供应使雏梢分化,花器发育。芽在形态上开始膨大,鳞片逐渐开裂,幼叶露尖,至此,萌芽过程结束。

北方落叶果树当日平均气温达到或超过5℃,地温达到7~8℃,历经15天左右方可萌芽。有的果树需要的萌芽温度较高,发芽较晚。如枣树、柿子树,日平均气温达到10℃以上时才能发芽。树体贮藏养分不足、土壤黏重,土壤含水量过高都推迟果树的萌芽。

果树萌芽后,抵抗冻害的能力降低。萌芽越早的果树,遭受冻害的几率越高,我国北方地区常发生倒春寒和晚霜的危害,使果树生产蒙受巨大的损失。

在一根枝条上,不同的果树种类或不同品种萌芽的多少差别很大。所以我们把一年生枝条上芽萌发的能力称之为萌芽力。把枝条上能够萌发的芽的数量占枝条总芽数的百分率称之为萌芽率。当枝条上的芽萌发后,有的能长成长枝,有的只是短枝。所以把芽萌发后,能够抽生长枝的能力称之为成枝力。芽萌发后,能抽生2个以下长枝的为成枝力弱,抽生3个以上长枝的为成枝力强。不同树种的萌芽率和成枝力不同,同一树种不同品种的萌芽力和成枝力也有很大的差异。例如苹果品种中,元帅系品种萌芽率高,成枝力高;而国光则是萌芽率低,成枝力低。

果树的芽分为花芽和叶芽,能够开花结果的芽为花芽,叶芽是只生长枝条,不能开花结果的芽子。花芽分为纯花芽和混合花芽,纯花芽是只具备花的器官,开花后只结果,不生长枝条和叶片。混合花芽内既有花的原始体也有枝条和叶片的原始体。萌芽后先生长一段枝条,再在其上开花结果,结果开花部位膨大形成果台,果台上可发生果台枝,也叫果台副梢。有的果台副梢可以连续形成花芽并连续结果。

果树顶芽形成花芽的叫顶花芽,有的可形成腋花芽,可腋花芽结果。例如核桃、山楂、柿子都可腋花芽结果。在苹果树和梨树上,幼树期可利用腋花芽结果而提前形成产量。

果树的叶芽要形成花芽,首先要经过花芽分化,花芽分化是果树叶芽形成花芽的过程。新梢停止生长形成顶芽,开始进行生理分化,在适宜的条件下,形成的顶芽不再萌发,即可进行形态分化,进而形成花芽。

(三) 果树的枝条

果树的枝条随季节的变化或年份的变化其名称不同,在一年中,果树的枝条还发生加长生长和加粗生长。

果树萌芽后新梢顶端生长点进行细胞分裂使新梢伸长。当顶芽形成后停止生长。分为三个时期:一是开始生长期;二是旺盛生长期;三是缓慢生长期。

果树枝条的加粗生长晚于加长生长。果树枝条的加长生长和加粗生长一年内达到的长度和粗度称之为生长量。一年中加长生长和加粗生长的速度快慢称之为生长势。

果树的枝条从萌芽开始生长到落叶以前称之为新梢。从春季芽萌发到顶芽的形成,有的树种或品种一年内生长一次,即萌芽到秋季形成顶芽。而有的树种或品种,萌芽后到6月份形成顶芽,而后顶芽又萌芽形成二次生长。把第一次顶芽形成的枝条称之为春梢。第二次生长的一段枝条称之为秋梢。

果树枝条的萌芽和生长受枝条生长姿态的影响,直立生长的枝条,生长势强,水平生长的枝条生长势弱,这是由于顶端优势的影响形成的。顶端优势是指一个直立或近似于直立生长的枝条,位于其顶端的芽先萌发,长成的枝条也最长,向下依次递减的现象。

果树的新梢落叶后到翌年萌芽前,称之为一年生枝。两年及其以上的枝条称之为多年生枝。

(四) 果树的叶片

叶片的形成过程是经过了叶片、叶柄、托叶分化,叶片从展开到叶片的面积停止增大。当环境条件不能满足叶片继续生长时,开始形成离层而脱落。

新出现的幼叶不具备光合能力,是利用的上一年树体的贮藏营养进行生长的,当幼叶面积达到应达到的单叶面积的一半时,其自身制造的营养方可达到收支平衡。随着单叶叶面积的继续扩大,光合能力随之提高。当叶面积达到最大时,光合效率也最高。净光合产物最多。

果树的枝条和叶片组成了叶幕。叶幕的结构是与树形相一致的,不同的树形其叶幕结构不同。叶幕结构的合理与否是衡量果树丰产结构的重要指标。在果树树体上,全年的叶面积最大,相互的遮阴小,并保持相对稳定是最为合理的。叶面积越大,透光率越低,衡量叶面积的大小用叶面积系数表示。叶面积系数是指所有叶面积与单位土地面积的比值。大多数果树的叶面积系数维持在4~5。叶面积系数太小,说明土地的浪费严重,果树产量低。叶面积系数太大,说明果树相互遮阴,通风透光差,影响产量和品质。

二、果树整形

整形是利用修剪技术完成树体骨架的培养过程。目的是使果树具有合理的树体结构、外观形态、群体优势,使果树能够合理利用土地、空间、光照,实现果树的优质、丰产、高效。[1]

---

①李润开. 试析果树整形修剪[J]. 今日科苑,2008(4):176.

(一) 果树整形的原则

果树整形的原则是:"因树造型,符合特性,骨架牢固,层次分明"。不同的树种,生物学特性不同,其干性、分枝角度、对光照强度的需求、枝条的类型都有很大的区别,为了满足果树生物学特性要求并担负较高的产量,就要将果树整成不同的形状。

(二) 果树的树形

1.有干形树形。具有主干和明显的中央领导干,适合于干性强的树种。如苹果树、梨树、核桃树、枣树、柿子树等树种的疏散分层形、小冠疏层形、自由纺锤形、细长纺锤形。

2.无干形树形。具有主干而无明显的中央领导干,适合于干性差的树种。如桃树的自然开心形、杯状形、丫字形。

3.支架栽培形。如葡萄的篱壁形、棚架形。在果树的整形过程中,要根据确定的树形,利用修剪方法培养牢固的树体骨架,使其能够担负较高的产量。对于分层形树形,要具有明显的层次结构,以解决树体透光问题。

对于树体结构要做到"长远规划、全面安排、平衡树势、主从分明"。要根据果树的不同年龄阶段,确定整形的主要任务。从果树苗木栽植开始到少量花芽形成为扩冠期,这一时期的主要任务是促进树冠的迅速扩大,使树冠的体积接近最大值。之后进入压冠期,是产量提高的时期。此期的主要任务是提高产量,以果压冠。使树体和结构以及产量稳定下来,平稳地过渡到盛果期。

三、果树的修剪

果树的修剪是利用修剪工具和采取具体的树体管理方法对果树进行的整理活动。果树修剪的依据是各树种或品种的生物学特性,果园的自然条件,管理水平以及修剪反应。因为果树不同树种,不同品种之间在干性、分枝角度、萌芽力、成枝力、成花难易、结果枝类型以及对修剪的难易程度存在差异,即便是同一品种也由于不同年龄阶段、不同的土肥水条件、不同的栽植密度、不同的管理水平,其生长结果出现不同的表现。只有依据当地果园的上述条件,确定适合此条件下的修剪方案,才能达到预期的效果。修剪反应是以往管理过程中留在树上的痕迹,可以看到历年修剪的具体效果,并以此确定修剪方案。所以修剪反应是修剪的唯一依据。

(一) 果树修剪方法

果树的修剪分为生长期修剪和休眠期修剪。

1.生长期修剪。

(1)开张角度:是指利用外力改变枝条生长方向和角度。开张角度可以缓和枝条生长势,改变树体空间结构,有利于形成花芽,改善树体光照条件,达到立体结果。开张角度常用的方法有拉枝、别枝、撑枝、坠枝等措施。开张角度需要注意以下三点:一是着力点选择要准确,角度开张后要呈直线,不得拉成弓形;二要防止枝条劈裂;三是开张角度后及时抹除背上萌芽,防止形成背上直立旺枝。

果树幼树枝条基角开张后,其腰角有时会逐渐变小,还要继续开张腰角。

(2)刻芽(目伤):春季萌芽前或萌芽后,在芽的上方或下方0.5cm处用刀横割皮层两刀,深达木质部,形成月牙形伤口。也可利用小钢锯锯条在芽上方0.5cm处锯透皮层。当年生枝条可用钢锯条,多年生枝条可用手锯刻芽。

为了抑制背上芽形成强旺枝条,可在背上芽的下方0.5cm处刻芽,达到抑制其萌发,或萌发后降低其生长长度。刻芽时间不同,效果不同,萌芽前刻芽,能促进芽的萌发,使枝条旺盛生长,长成的枝条较长。在萌芽后刻芽,促进枝条萌发,但长成的枝条较短,有利于形成中短结果枝。

(3)环剥或环割(环切):在生长季节用刀将枝干的韧皮部割透或剥去一圈的方法。分为环割和环状剥皮两种。环剥和环割都是暂时切断了地上部与根系的营养输送通道,使地上部营养物质得到积累,从而促进了坐果和花芽的形成。

环割(环切)是在枝干上利用刀、剪、锯环状切透皮层,深达木质部的方法。属于轻度环剥。其作用是缓和切口上部枝条生长势,促进切口下部芽的萌发。对于出现光秃带的枝条,在光秃带部位每隔20cm环割一圈,称为多道环割。可促使光秃带隐芽萌发形成结果枝或结果枝组。据石家庄农业学校李爱国在大马林果场的试验,在5年生红富士枝条的光秃带进行多道环割,当年萌发的中短枝有40%形成花芽,第二年结果,促萌和成花效果明显。多道环割间距不应低于15cm,以防造成枝条枯死。

环割作用于强旺结果枝组,可缓和枝组生长势,促进枝组花芽形成,促使枝组提早结果。

环剥的作用期限和强度大于环割。环剥主要用于骨干枝或主干以及辅养枝的提早结果。

环剥的时间不同,作用不同。于花期环剥可提高坐过率,5五月底6月初的环剥可促进花芽分化。

环剥适用于旺树,对于弱树不得进行环剥;对于不易愈合的树种或品种不宜环剥(如苹果元帅系品种);苹果的短枝型品种或矮化砧木苹果一般不进行主干环剥;环剥宽度一般不超过枝条粗度的1/10,最宽不超过1cm;环剥过程中和环剥后特别注意保护形成层;环剥前注意土壤田间持水量在80%左右;环剥能够愈合的时间应在20~30天为好。

(4)摘心:摘除新梢顶端的幼嫩部分。摘心控制了新梢的延长生长,增加分枝,促进成花,培养成小型结果枝组。主要应用于有空间的直立新梢、徒长新梢。当新梢达到20~30cm长时进行摘心。对果台新梢达到25cm时摘心,可促进果实生长,并促进花芽分化。

（5）扭梢：在新梢旺长期，当新梢长度达到20cm以上的半木质化时，将新梢在基部5cm处扭转90°～180°使其保持水平或下垂姿态。扭梢抑制了直立枝生长，促进形成花芽。

（6）拿枝软化：在7、8月份对当年已经木质化的新梢从基部开始进行软化，使其改变生长角度。对多年生枝条也可采用软化的方法，开张角度。拿枝软化可达到缓和枝条生长势，促花结果。

2.果树休眠期修剪。休眠期修剪又叫冬季修剪。休眠期修剪方法包括：短截、回缩、疏剪、缓放、开角、变向等。由于采用的方法和处理的枝类较多，做起来似乎很复杂，不易领会，但只要了解每种基本方法的作用和修剪反应，并灵活运用于具体的树（枝）的修剪中，"冬剪"还是较易掌握的。另外，每种剪法对树的总体和局部，特别是对局部，都有正负双重作用和综合影响，应在今后的修剪实践中加以辨证理解。

（1）短截：剪去一年生枝的一部分称短截。短截修剪主要用于主枝、侧枝、中心干延长枝或有生长空间的辅养枝头的修剪，也可用于弱枝的复壮、控制竞争枝或削弱直立旺枝培养结果枝组。根据剪留长度分为轻短截、中短截、重短截和极重短截（见表2-9）。

表2-9　不同的短截方法利用效果详细说明

1年生长枝的不同短截法的发枝状。				
短截种类	轻短截	中短截	重短截	极重短截
修剪部位	剪留部分＞枝长2/3，剪口下芽为半饱满芽。	剪留部分1/2左右，剪口下芽为饱满芽。	剪留部分＜枝长1/3，剪口下芽为半饱满芽。	在枝条基部轮痕处剪截留概，剪口下芽瘪芽。
剪后反应规律	长枝少1～2个，中、短枝较多。	长枝＞3个，生长势旺中，短枝少。	形成1～2个旺枝和中短枝。	只形成1个较弱的长枝和1～2个中短枝。
具体应用及作用	用于旺树和中庸斜生枝，利于缓势成花。	用于各级骨干枝的延长枝，利于促长扩冠。	用于控制竞争枝、直立枝，减弱枝势利于培养小枝组。	用于极度削弱旺枝势力；利于培养小枝组。

1）轻短截：剪去一年生枝条的1/3～1/4或剪到春秋梢交界处。轻短截可形成较多的中短枝，具有缓和枝条生长势力，促进花芽形成的作用，可形成长轴结果枝组。

2）中短截：在一年生枝条的中上部饱满芽处短截，剪去枝条的1/2～1/3。中短截可形成较多的中长枝，萌发枝条的生长势旺盛，成枝力强。主要用于树体延长枝的修剪和中大型结果枝组的培养。

3)重短截:在一年生枝条中下部的次饱满芽处短截,勇去枝条的2/3～3/4。用于中长枝条培养中小型结果枝组。

4)极重短截:保留一年生枝条基部1～2个瘪芽。主要用于背上枝条培养小型结果枝组。

(2)回缩:剪去多年生枝条的一部分称为回缩。下垂结果枝经多年结果,生长势会逐年衰弱,使结果能力降低或丧失结果能力,需要缩剪进行复壮。对于较大的结果枝组可用缩剪使体积变小。利用回缩的方法对于角度变小的强旺枝头可利用背后枝头换头,削弱枝头的生长势,对于枝头下垂生长势力变弱的枝头,利用背上或角度合适的枝头换头,以增强枝头的生长势,这在生产上叫做转主换头。对于长放成花的枝条,利用见花回缩培养结果枝组。整形完成后进行的落头属于回缩,用于对树冠内、行间或株间交叉枝条的处理。

回缩修剪主要用于结果枝(组)或骨干枝更新,以及树冠、辅养枝控制(图表2-10)。

表2-10 回缩方法的利用及其效果

多年生枝回缩作用及修剪反应				
回缩目的	骨干枝、结果枝组更新复壮,枝冠调控。	辅养枝大小调控	树高调控,落头开心。	层间枝组大小调控,通风遮光。
修剪部位	枝势衰弱的骨干枝回缩到有斜上生长旺枝部位,俗称台头;成串花芽果枝选留3个左右饱满花芽;老弱果枝回缩至有壮果枝部位。	以不影响下面主枝生长发育为宜,影响多少去掉多少。	抠心,转主换头。	上下交叉枝一压一抬并列重叠枝一伸一缩。

(3)疏剪(疏枝):指将一年生或多年生枝条从基部疏除。主要用于过密枝条的处理,可改善树体光照,对整体生长具有削弱作用,对剪口下枝条有促进作用,对剪口上的枝条有抑制作用。疏枝的对象主要是背上直立枝、徒长枝、冠内密生枝、完成使命的辅养枝、衰老的结果枝组。应用疏枝还可以控制强枝,减慢大枝的增粗速度,以削弱骨干枝或枝组的增粗势力,调节树势的平衡,也适用于培养和改造结果枝组,利用疏枝调节花量。

疏剪主要用于树体生长过密地方的枝条或一些背上直立枝(徒长枝)、竞争枝、树头的处理。以利树体通风透光,形成理想的树形结构,减少养分无谓消耗(表2-11)。

表2-11　疏剪的对象

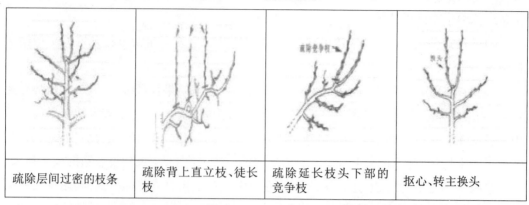

疏除层间过密的枝条	疏除背上直立枝、徒长枝	疏除延长枝头下部的竞争枝	抠心、转主换头

（4）缓放（甩放、长放）：指对一年生枝条不剪截。缓放有利于枝条生长势的缓和，促进了枝条的养分积累，多形成中短枝进而促进花芽形成，对扩冠期和压冠期的幼树采用多缓放的修剪方法，可提早结果，促进丰产。缓放用于平生枝条、斜生枝条，对于直立枝、强旺枝、徒长枝、有利用价值的可拉平或拉斜后方可缓放，结合刻芽、环刻、破顶芽提高缓放效果。弱枝不宜缓放，弱树不宜缓放。主要用于已形成花芽的结果枝（长、中枝）和部分枝势、位置较好的发育枝。以利缓和枝条（树体）长势，促进花芽分化和结果。

（5）开角：开张主枝、侧枝、强旺枝角度，称作开张角度。

主要用于各级骨干枝角度调整。由于梨树极性强，幼树自然生长情况下大部分处于抱合、半抱合姿态，影响其早果、丰产和果品质量，因此开角是梨树整形最关键的一项措施。常用支、拉、顶、坠、压等方法综合开角（表2-12）。对于较粗的枝条开张角度时，可在枝条基部背下利用"连多锯"开张角度，不得利用取三角木的方法，以防枝条枯死。

表2-12　开角的方法

利用树棍或玉米秸支撑开张角度	利用绳拉或石块、砖头坠枝开张角度

不同整形方式骨干枝适宜的角度略有差异，一般情况下基部三主枝树形，主枝60°~70°，侧枝70°~80°纺锤形，主枝70°~80°。

（6）变向：通过别、吊、撑、弯、支等办法，把枝条的姿态、角度、方位调整到适宜的方位角度。

主要用于骨干枝上的小型枝组生长姿态的整形。有助于枝组的缓势、充分利用空间，提高树体产量和果品质量（表2-13）。

表2-13 变向的方法及作用

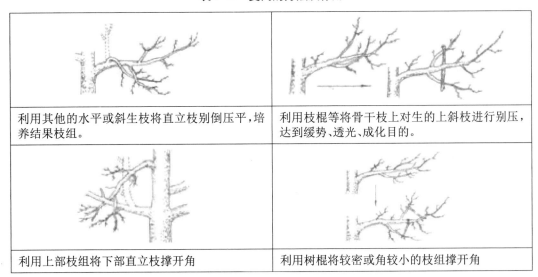

利用其他的水平或斜生枝将直立枝别倒压平,培养结果枝组。	利用枝棍等将骨干枝上对生的上斜枝进行别压,达到缓势、透光、成化目的。
利用上部枝组将下部直立枝撑开角	利用树棍将较密或角较小的枝组撑开角

(7)锯木缓势:对于过强、过粗影响树体平衡的大枝,在其基部下方用手锯锯切枝条直径1/3～1/2的切口。抑制过强、过粗,减缓生长势,促进成花结果,调整枝干比。

(8)造伤:利用修剪工具对生长势过强,角度较小,具有保留空间的辅养枝、枝组在其基部背上造成伤口的方法。

以上介绍了果树冬剪时主要采用的几种修剪方法。由于不同的剪法的功用和枝条修剪反应差异很大,不能互相替代,因此在剪树时,要根据实际情况灵活掌握,综合运用。

(二) 果树的修剪时期

果树的修剪时期分为生长期和休眠期的修剪。休眠期修剪又叫冬季修剪,是从11月下旬果树开始落叶后到第二年3月。生长期修剪是发芽后到果实采收期。

在生长期又分为春季修剪、夏季修剪、秋季修剪。不同的修剪时期,修剪的主要任务和采用的具体修剪方法也不相同(见表2-14)。因为在果树的年周期的不同时期,果树在器官形成、树体营养分配、环境条件存在明显的差异,对修剪效果产生影响。

表2-14 果树不同时期的修剪方法和任务

修剪时期	修剪任务	修剪方法
春季修剪	缓和树势、促发新枝;合理负载、优质稳产;按枝果比疏缩结果枝,补充完善冬季修剪。	刻芽、延迟修剪、花前复剪回缩、疏剪、拉枝。
夏季修剪	改善光照、缓和树势;促进成花、提高坐果;培养结果枝组。	开张角度、疏梢、拿枝、环剥、开角、摘心、扭梢。
秋季修剪	整形、缓和树势、改善光照、促进成花。	拉枝、拿枝、疏密枝;促进着色;疏密枝;提高越冬性。
冬季修剪	整形、调整树冠、培养结果枝组;改善光照条件、合理负载。	短截、疏枝、缓放、回缩。

(三) 果树修剪反应的观察

果园冬季修剪在一定程度上影响着来年的产量和品质,因此掌握修剪的"火候"显得尤为重要。果树生长、结果表现是衡量修剪技术运用正确与否的标尺。

1.修剪应注意的问题。

(1)缩放有度:幼树修剪必须纠正所有枝条都放的倾向,对徒长枝、背上直立枝、重叠枝以及过强的竞争枝必须疏除。为早结果实行轻剪长放,大量结果后的枝不要无止境长放。应根据果树本身的表现,有计划、有目地进行不同程度回缩。以防造成结果部位外移,内膛果实着色不良等问题。随着树冠的扩大,栽培者要考虑生长与结果的平衡,行间与冠内的通风透光问题。每年生长期要仔细观察果树的修剪反应。果树本身就是一个活的记录器,如有些树抽枝多而旺,结果又少,说明剪得过重、打头过多,使营养生长占了主体。反之,有些树抽枝少而短,结果过多,说明修剪太轻,使生殖生长占了主体。

(2)疏枝和开角:目前生产上有相当一部分果树表现出大枝过多、树冠过密,主枝角度不开张,结果不良。冬剪时,若遇主枝过多,把门侧过大,要因园因树修剪,按树形要求,逐年有计划剪除多余大枝。树冠不开张的树,要采用撑拉别或背生枝换头的办法开张主枝角度,必要时可采用连三锯的办法加大主枝角度。只要取掉不必要的大枝,加上主枝角度开张,树势就自然缓和下来,光的问题就解决了,花芽就会大量形成。

(3)因树修剪:对主枝背上着生的多年生大枝要及时处理,防止树上长树。对以短果枝结果的元帅系等品种,在营养生长未转化为生殖生长以前,要多长放少短截,单轴延伸,不见果不回缩,加大枝条开张角度,枝量过大注意疏枝。严禁见枝打头的剪法。花芽过量的大年树,要重视短截促生长。而花芽极少的小年树,要千方百计保留花芽,并对易形成腋花芽的树,对外围发育枝一定要轻剪长放,利用腋花芽结果,提高小年产量。矮化富士树容易出现下强上弱的现象,中央领导干容易变弱,必须疏去下部大枝或辅养枝,严格控制把门侧枝,保证中央导干占绝对优势。

2.修剪过程中需要观察的问题。

(1)生长发育痕迹:如芽鳞痕及枝条年龄的判别;春秋梢交界处与一、二年生交界处的判别;果台的判别(是否坐果、结果数量、连续结果情况、果台副梢的数量和长短);多年生树的树龄判别;枝条完整生长标尺的建立(从栽植后具有所有枝龄枝条连续生长的一段枝干)。通过生长发育痕迹的观察,可以了解果园历年来的栽培管理情况,历年的气候情况,果树的生长结果状况。

(2)往年的修剪方法:观察推断被剪枝条的生长势、角度、粗度、位置及其母枝的情况;采用的修剪方法及其程度(短截的程度,剪口芽的位置质量,环剥的宽度,环割情况,刻芽情况);全树修剪的是以放为主、以截为主还是以疏为主的修剪主导方向;全树修剪程度的轻重(修剪量的大小)。

（3）修剪反应分为局部反应和综合反应。

1）局部反应：采用单一修剪方法使修剪部位枝条的萌芽率、成枝力、短枝率、枝条成熟度、对周围其他枝条的促抑效果、成花的数量和质量、坐结果情况、对局部光照和通风的改善效果；两种或两种以上修剪方法的累积效应（如两年生枝条采用前截后疏的反应，多年生枝条回缩后又短截剪口枝的反应）。

2）综合反应：对修剪后全树的总生长量、新梢平均长度、树冠的郁闭度、全树成花情况、产量情况的综合评价。总结修剪效果，看是否达到了修剪的意图。通过修剪反应，做出正确的评价，提出修改意见。

（四）果树主要枝条类型及其修剪

果树的枝条分为骨干枝、辅养枝、枝组三种主要类型。不同类型的枝条其培养的目标不同，采用的修剪方法也有区别。

1.骨干枝的修剪。骨干枝是组成树冠骨架的主要枝条。对骨干枝的修剪要求骨架牢固、主从分明、树势平衡、内部枝条配备适当、光照良好。骨干枝的修剪要从以下三个方面进行。

（1）骨干枝选留方法：选留树冠中心较直立的枝条作为中心干，选方位、角度、位置适宜、生长健壮的枝条作为主枝或侧枝。要围绕树进行反复观察比较，选择出合适的骨干枝。

（2）平衡长势：利用修剪技术保持全树骨干枝的从属关系，使同层次骨干枝的生长势接近一致。树势平衡的方法可以通过枝条角度、枝条剪留长度、修剪程度的调整来实现。例如：削弱某一骨干枝，就要采取延长枝短留、多疏枝少缓放、加大角度、多留果等措施。要加强某一骨干枝，则采取与之相反的措施。

（3）骨干枝修剪技术。对延长枝的修剪考虑长势、角度、延伸方向。正确把握各枝条的剪留长度、剪口芽的位置和剪口下第三、第四芽的位置。本着壮枝短留、弱枝长留确定剪留的长度。通过转主换头和剪口芽的选择调整延长枝的角度和生长方向，使剪口下第三、第四芽处在需要培养的骨干枝方向。剪口下二芽枝为竞争枝，可采取夏季扭梢或拿枝软化或反向拉枝的方法控制其竞争能力。也可在冬季修剪时采取疏、截、拉的方法进行处理。对于二芽枝好于一芽枝的，可剪除一芽枝，利用二芽枝当头。

2.辅养枝的修剪。果树在扩冠期为了增强树体生长势，提早成形并提早结果，在不影响光照和骨干枝生长的前提下，应尽量多留辅养枝。以后根据空间大小可回缩改造成结果枝组、无空间时疏除、有空间时保留成为永久性辅养枝。

辅养枝的修剪采用轻剪长放、疏除旺密枝条、开张角度、适量短截的方法进行培养。采用回缩、环剥（割）、拿枝软化进行控制。

3.结果枝组的培养和修剪。

(1)结果枝组的类型:结果枝组分为大、中、小型三类。大型结果枝组轴长在60cm以上,有15条以上的枝条;中型结果枝组轴长在30~60cm,5~15条枝条;小型结果枝组轴长在30cm以下,有2~5条分枝。不同大小的结果枝组在树冠上的空间位置是交错排列的,中、小型结果枝组插在了大型结果枝组的空间,形成了树冠的波浪形的叶幕结构。枝组的配备数量要适当,占位要合理,距离要适宜。配备合理的枝组结构,使树冠内受光面积最大,提高光能利用率。

(2)结果枝组的培养方法:结果枝组的培养方法有两种,一是先放后缩,是对一年生枝条轻短截或不短截,缓放成花后再回缩。在果树的扩冠期和压冠期多采用此法进行连年缓放,使枝组单轴延伸,形成细长的平伸或下垂枝组,用于缓和树势,提早成花结果;二是先截后放法,是对一年生枝条先短截,第二年冬季修剪时,剪去顶端强旺枝条,其他枝条进行缓放。培养大型结果枝组,可连年短截先端枝条,去强留中、弱枝条。当达到其体积大小时,停止短截。

(3)结果枝组的更新复壮:结果枝组在结果后,枝组的生长姿态会在果实的重力作用下下垂,使生长势逐年下降,使果实品质也逐年下降,严重的会枯死。因此,对结果枝组要及时地进行回缩复壮。对于背下的衰弱结果枝组,应及时培养新结果枝组,然后将衰弱下垂结果枝组疏除。

结果枝组的更新复壮年限受树种、品种的影响,不同的树种枝组的维持年限不同。如枣树的枝组、鸭梨的短果枝群可维持较长的年限,而梨树中的沙梨系统的品种,结果枝组维持的时间较短,要经常进行枝组更新。结果枝组的更新复壮年限又受到枝组生长姿态的影响。直立枝组、斜生枝组生长健壮,寿命长,更新复壮的时间晚,而下垂枝组需要及早更新复壮。

(五) 目前果树整形修剪技术的主要特点

果树栽培在历经了由稀植到密植的变化过程之后,整形修剪技术也随之发生了变化。但是,这种变化由于受前些年高产目标的影响,在整形修剪上仍然摆脱不了传统的整形修剪方法。因而出现树形结构不尽合理,短截修剪过多过重,忽视夏季修剪,树形选择与栽植密度不相适应,留枝量过多等问题。其结果是一些果园虽然获得了高产,但果品质量不高,大小年结果现象严重;而另有一些果园不但没有获得高产,反而出现了树冠郁闭交接,树冠内膛光照差,果品质量差的不良后果。这些问题难以适应现代果树"优质高效"的栽培目标,因此,与传统整形修剪技术相比,现代整形修剪技术有以下几个主要特点。

1.树形选择与栽植密度相配套。不同树龄阶段的树形是动态变化的。树形是人们在长期的生产实践中,根据果树生长发育规律而创造的一种理想的树体骨架结构模式。

尽管苹果的树形种类很多,形式各异,但其目的是相同的,即最大限度地截获光能,获得最大的效益;在最短的年限内,形成伸展合理、牢固的树体结构;调节营养生长与生殖生长的平衡,保持树体健壮的生长势,实现丰产、优质、高效的有机统一。

树形选择的主要依据是栽植密度,对于密度为4m×2m亩栽83株以上的密植园,应用细长纺锤形树形结构;对于密度4m×3m～4m×2m亩栽55～83株的中密度园,宜选择自由纺锤形树形结构;对于亩栽55株以下的稀植园,应选择开心形树形和高干疏散形树形结构。对计划密植果园,为了追求早期产量,幼树期要整成纺锤形,盛果期逐渐过渡到开心形或高干疏散形、边侧主干形和松散下垂形等。因此,进入盛果期(10年生)以后的果园,应调减密度,同时要改换树形,树形应随密度的降低而逐年由纺锤形树形改造成高光效开心形树形或高干疏散形树形等。

2.修剪时期以夏剪为主,强调"四季修剪"。传统的果树修剪特别重视冬季修剪,而忽视生长季节修剪。这与当时的栽植密度和修剪技术有关。随着栽培密度的改变,单位面积上栽植的株数相应增加,其产量获得主要靠群体优势,而个体植株的体积较稀植栽培时也小得多,树冠结构和骨干枝级次明显地简化,因此不必采用过去复杂的冬季修剪来培养树形。同时随着生长期修剪技术的不断发展、完善以及纺锤树形的应用,在生长期修剪中已经解决了树形培养的主要问题,因而冬剪的修剪量可以大幅度减少。冬剪的任务主要是对树体基本结构进行合理的调整,包括大枝数量的控制、枝类比例、枝组大小、总留枝量和花芽数量的调整及树冠大小的控制。从枝量上说,只能是减少而不可能增加,是对已成定局的枝量和花量进行调节,因而是被动修剪。生长期修剪是指果树萌芽后至落叶前的修剪,又称夏剪。生长期修剪手法多,工作量大,细致而复杂。通过各种修剪措施的综合配套运用,既可以均衡树势和枝势,提高有效枝量,又能调节生长与结果的矛盾,加速结果枝组的培养。生长期合理修剪,还能明显改善通风透光条件,减少病虫害,提高坐果率,改善果实品质。幼树期抓好夏剪,可以加速树冠形成,促进提早结果。由此可见,生长季节修剪是主动的,因此,现代整形修剪技术发展的一个显著特点,就是改传统的"冬剪为主"为"四季修剪"。要把全年修剪工作量的70%左右放在生长季节进行,特别是要抓住夏季这一重要的生长季节,采用刻芽、扭稍、疏枝、摘心、环切(剥)、拉枝等综合技术措施,达到树体生长和成花结果的有机统一,实现优质、高产、高效的目的。

3.修剪手法以疏、放、拉为主,提倡"简化修剪"。短截修剪是常用的修剪手法,在推广密植小冠树形栽培后,过多的短截修剪,导致了长枝过多,营养消耗大、积累少。既影响早结果和丰产,又导致树冠外围枝梢密闭,严重影响树冠内膛的光照和果实品质。因此,现代果树修剪要彻底改变短截过多过重的方法,运用以疏枝、长放、拉枝为主的修剪方法。

疏枝可以改善内膛光照,延长内膛果枝寿命,促进花芽形成,提高坐果率,增加果实色泽。疏除过旺枝可以平衡树势,疏除弱枝可以集中养分,促进其他枝条的生长。

长放加拉枝可以使旺盛生长转化为中庸生长,达到旺树、旺枝向中庸枝的转化,有利于生长势逐年缓和,增加中、短枝数量,以利于营养积累,使枝条充实,芽子饱满,形成花芽,同时能调节枝条中激素的平衡,解决光照。即:疏枝调节密度,使枝稍分布均匀,长放加拉枝缓势促发短枝使营养合理分配利用,有效改善通风透光条件,提高成花效果,以达到早果丰产、优质、稳产、高效的目的。

4.调节枝量和枝质,留枝数量合理化。在追求高产时代,果树修剪常强调多留枝,每亩留枝量一般均达到12万～15万个,甚至更高。这无疑对早期丰产起到了积极的作用,但随着果树进入盛果期以后,树冠不断扩大,枝叶量不断增加,树冠光照不良,特别是内膛、下部的光照条件极度恶化,结果部位外移,果实品质下降,大小年结果现象严重。在进入质量竞争时代,多留枝已经成为制约质量提高的"瓶颈"。质量要上去,枝量必须降下来。按照"树高不超过行距"的原则,及时落头开心,提高主干高度,疏除过密过大枝条,以苹果为例:成龄树亩留枝总量控制在6万～8万条,树冠每平方米垂直投影面积留枝量140～190个,长枝(16cm以上)、中枝(6～15cm)、短枝(5cm以下)比例接近1:2～3:6～7,枝果比3～5:1,花芽和叶芽比例1:3～4,亩留花芽量1.2万个～1.5万,枝叶覆盖率60%～80%。

第四节 果园土肥水管理技术

果树是多年生植物,长期固定生活在一个地方十几年甚至几十年,因此,除了栽植时应当进行土壤改良,打下良好的基础外,在以后的生长发育过程中,还需要经常地供应养分和水分,以利根系生长、吸收,保证植株生长结果的需要。因此,科学的土壤、肥水管理制度是果树丰产、稳产、优质、高效的重要先决条件。[①]

一、根系概述

(一) 根系的类型

根据根系的发生和来源不同根系可以分为以下几种。

1.实生根系。用种子进行繁殖得到的根系。其根系是由胚根形成的。

特点:有主根,并且主根发达,根系在土层中分布较深,生理年龄较轻,生活力和适应性强;个体间差异比较大,特别是栽培品种,不能用种子去进行繁殖。只有用做砧木的可以用种子进行繁殖,一般野生品种较多(如山定子、杜梨、山杏)。

---

①田雨.果园土肥水管理技术[J].北京农业,2015(32).

2.茎源根系。由扦插或压条繁殖形成的根系,为不定根(如葡萄、石榴、无花果)。

特点:主根不发达或基本无主根,根系分布较浅,生理年龄较老,生活力和适应性较弱。个体间差异较小,能够保持母体的性状。

3.根蘖根系。有些果树在根上可以发生不定芽形成根蘖,与母体脱离后可以形成新植株个体,新独立个体形成的根系称为根蘖根系。其特点同茎源根系。

(二) 根系的结构

果树根系包括骨干根和须根两大类;加上与其共生的菌根。

1.骨干根。种子繁殖未加移植的果树根系,其骨干根包括主根和侧根。

主根由种子的胚根发育形成,在主根上分生的各级粗大的根为侧根。一般无性繁殖方法得到的根无明显的主、侧根;但经移植过的果树根系无主根,把生长粗大的根称为骨干根,其分生的各级较大根为半骨干根。骨干根粗而长,色泽深,寿命长,主要起固定、疏导、贮藏作用。

2.须根。须根是果树根系最活跃部分,按形态结构及功能可分以下几部分:生长根、过渡根、输导根、吸收根、根毛等。

3.菌根。菌根与果树根系共生,有利果树根系吸收,活化根系的生理机能。

(三) 根系生长特性

1.根系分布。根系分布情况分为两种:水平分布和垂直分布,幅度大约为树冠的1.5倍。

果树水平根沿着土壤表层向平行方向生长。其分布深度与范围因地区、土壤、树种、砧木不同而不同。一般草莓、桃、樱桃、树莓、醋栗、穗醋栗的根分布较浅,多在40cm的土层内。苹果、梨、柿、核桃、枣、板栗的根分布较深,多在40~60cm的土层内。水平根多分布在肥沃土层,对果树地上部的营养供应起极重要的作用。

果树垂直根与土壤呈垂直方向生长。伸入土壤深度决定于树种、砧木、繁殖方式、土层厚度和土壤理化特性。银杏、核桃、板栗、柿、梨、苹果的垂直根发达,桃、樱桃、李较差。乔化砧木垂直根强于矮化砧。种子繁殖的果树垂直根强于无性繁殖的果树。土壤疏松,通气良好,下层土壤水分、养分充足,垂直根分布就较深。地下水位高,下层有黏土、砾石层则分布较浅。垂直根能固定树体,吸收较深土壤中的水分和养分,有利果树抗旱、抗寒作用。

2.根系生长情况。

(1)果树根系生长情况:果树根系无自然休眠现象,周年内均可生长(只是被迫停止生长)。

但一年内生长有所快慢起伏。

(2)果树根系生长特点:在一年中没有自然休眠,如果条件适合,随时可以生长。在一年中呈现几次生长高峰。根系生长动态(一年)与果树的品种、树种、砧木特性有关,与环境条件也有关系。根系生长与地上部分的生长呈互相促进关系。在一年中不同土层的根系也是交替生长的,这与土壤温度、湿度、通气条件有关。根系昼夜均可进行生长,夜间生长量与发根量多于白天。根系吸收的硝酸根与叶片吸收下运的糖转化为氨基酸、细胞分裂素和生长素等。白天供给地上部分,夜晚主要用于根系生长。其生长能量主要来源于地上的光合作用。根系吸收总面积的变化,与年周期生长高峰基本吻合。无论是一年还是一个生命周期,根系都有一个发生、发展、衰老、更新和死亡的过程。

(四) 根颈

果树地上部与根系的交界处,称为根颈。根颈是根系与地上部营养物质交流的通道,是果树器官中较为活跃的部位。实生根的根颈是由胚轴发育而来的,一般称为"真根颈"。用扦插、压条、分株繁殖的则无真根颈,其相应部位称为假根颈。栽植时,根颈埋得过深过浅均易引起生长不良。越冬时,根颈进入休眠最晚而春季解除休眠最早,所以根颈处最易受冻,应注意保护。

二、土壤管理

果园土壤管理的目的是:扩大根际土壤范围和深度,为果树生长创造适宜的土壤环境;供给和调整果树从土壤中吸收的养分与水分;增加和保持土壤有机质的含量,提高土壤肥力;疏松土壤,增强土壤的通透性。果园土壤管理的主要任务是:通过不断改善土壤的理化性状,经常改善和协调土壤中的水分、空气、养分的良好关系,为根系生长创造一个有利且稳定的环境。[1]目前我国果园土壤管理的主要做法有以下几点。

(一) 果园深翻与改土

果树根系深入土层的深浅,直接影响果树吸收营养的多少,与生长结果有密切的关系。深翻可以加厚土层,改善土壤的理化性状、增加透气性、有利于蓄水保肥、加强微生物活动、加速土壤熟化,促进果树根系向纵深发展,同时配合施入有机肥料效果更好,深翻是果园常用的措施。

1.深翻时期。一年四季均可以进行,寒地果园多采用秋季深翻,在果实采收后至落叶前结合秋施基肥进行。此时期,果树活动慢,养分回流,秋翻对地上部影响较小,秋季是果树根系一年中最后一次生长高峰,所以伤根后易愈合,并有利次年根系的生长,因此秋季是最好的深翻季节;深翻施肥后应结合灌水。春季只是翻到冻层,不适宜深翻,尤其是北方,春季风沙比较大。夏季:树体生长高峰之后,雨季来临之前进行,可以扩大根量增加深度、促进地上部分的生长、提高枝叶量。

2.深翻的深度和方式。深翻的深度一般以果树主要根系分布层为度。在土层浅、土

①刘成先.果园土壤管理与施肥(二)土壤管理[J].北方果树,2005(2):43-46.

质差的果园,因根系生长受到土壤状况的限制,应适当加深。一般果园深翻的深度为30~60cm。常用的深翻方式有以下几种。

(1)扩穴深翻:又叫放树窝子,各种果园都常采用此法,尤以山区果园更为普遍。即幼树定植数年后,依根系生长状况逐年向外深翻扩穴至遍及全园为止。约需进行3~4次。

(2)隔行深翻:用隔一行翻一行的方法进行深翻,全园分两次完成。因每次只伤一侧根系,对果树生育影响较小。平地果园可利用机械配合。山地果园可结合水土保持工程完成。

(3)全园深翻:除栽植穴以外的土壤一次深翻完。树龄较大的果园因易伤根太多,对植株有不利影响,应慎用。

无论采用何种深翻方法,深翻时均需将挖出的表土和心土分别堆放,并及时剔除翻出的石块、粗沙及其他杂物。回填时,先把心土和秸秆、杂草、落叶混合填入沟底部,再结合果园施肥将有机肥、速效性肥和表土混匀填入。深翻后及时灌水沉实,使根系与土壤密接。当然也要注意排水。深翻时尽量保护根系完整,不伤直径1cm以上的粗根,以减轻对植株生长结果的影响。

(二) 盐碱地果园土壤改良

土壤的酸碱度可影响果树根系生长,各种果树对酸碱度有一定的适应范围。柑橘、香蕉能适应酸性土壤,枣、葡萄能适应微碱性土壤,苹果则要求中性到微酸性土壤。果树对酸碱度的适应性,又因砧木而异,如以沙梨作梨砧木能耐酸性土壤,杜梨砧则耐碱性土壤。土壤中盐类含量过高,对果树有害,一般硫酸盐不能超过0.3%。果树树种不同,耐盐能力也不一样。如葡萄较耐盐,梨属中等,苹果较差。在盐碱地果树根系生长不良,且易发生缺素症($Fe-Fe^{2+}$植物吸收,而Fe^{3+}不吸收),树体易早衰,产量也低。因此,在盐碱地栽植果树必须进行土壤改良。土壤盐碱化是一个世界性问题不可能改变只能通过以下改良措施进行改良。

1.设置排灌系统。改良盐碱地主要措施之一是引淡水洗盐。在果园顺行间隔20~40m挖一道排水沟,一般沟深1m,上宽1.5m,底宽0.5~1.0m。排水沟与较大较深的排水支渠及排水干渠相连,使盐碱能排出园外。园内则定期引淡水进行灌溉,达到灌水洗盐的目的。当达到要求含盐量(0.1%)后,应注意生长期灌水压碱,中耕、覆盖、排水防止盐碱上升。

2.深耕施有机肥。有机肥料除含果树所需要的营养物质外,并含有机酸,对碱能起中和作用。有机质可改良土壤理化性状,促进团粒结构的形成,提高土壤肥力,减少蒸发,防止盐渍化。据经验介绍,深耕加施入大量有机肥,可缓冲盐害。

3.地面覆盖。地面铺沙、盖草或覆其他物质,可防止盐分上升。山西文水葡萄园干旱季节在盐碱地上铺 10～15cm 沙,可防止盐碱上升和起到保墒的作用。

4.营造防护林。防护林可以降低风速,减少地面蒸发,防止土壤返碱。

5.种植绿色植物。种植绿色植物,除增加土壤有机质、改善土壤理化性质外,绿肥的枝叶覆盖地面,可减少土壤蒸发,抑制盐碱上升。实验证明,种田菁(较抗盐)一年在 0～30cm 土层中,盐分可由 0.65% 降到 0.36%,如果能结合排水洗碱,效果更好。

(三) 果园土壤管理制度

1.幼年果园土壤管理制度。

(1)幼树树盘管理:幼树树盘即树冠投影范围。树盘内的土壤可以采用清耕或清耕覆盖法管理。耕作深度以不伤根系为限。有条件的地区也可用各种有机物覆盖树盘。覆盖物的厚度,一般在 10cm 左右,如用厩肥、稻草或泥炭覆盖还可薄一些。为了降低地温,在夏季给果树树盘覆盖,效果较好。沙滩地树盘培土,既能保墒又能改良土壤结构,减少根颈冻害。

(2)果园间作:幼龄果园行间空地较多可间作。果园间作可形成生物群体,群体间可互相依存,还可改善果园小气候,有利于幼树生长,并可增加收入,提高土地利用率。

合理间作既充分利用光能,又可增加土壤有机质,改良土壤理化性状,如间作大豆。除收获果实外,遗留在土壤中的根、叶腐烂后,每亩地可增加有机质约 17.5kg;利用间作物覆盖地面,抑制杂草生长,减少蒸发和水土流失,还有防风固沙的作用,缩小地面温度变化,改善生态条件,有利于果树的生长发育。

间作物要有利于果树的生长发育,在不影响果树生长发育的前提下,可大力种植间作物。但应加强树盘肥水管理,尤其是在间作物与果树竞争养分剧烈的时期,要及时施肥灌水。

间作物要与果树保持一定距离,尤其是播种多年生牧草更应注意。因多年生牧草根系强大,应避免其根系与果树根系交叉,加剧争肥争水的矛盾。

间作物植株要矮小,生育期较短,适应性强,与果树需水临界期错开。北方没有灌溉条件的果园,种植耗水量多的宽叶作物(如大豆)可适当推迟播种期。间作物应与果树没有共同病虫害,比较耐阴和收获较早等。

2.成年果园土壤管理制度。成年果园土壤管理制度可分为四种基本形式。

(1)清耕法:果园内不种间作物,经常进行耕作,使土壤保持疏松和无杂草状态。

清耕法一般在秋季深耕,春季进行多次中耕,使土壤保持疏松通气,促进微生物繁殖和有机物分解,短期内可显著地增加土壤有机态氮素。耕锄松土,能起到除草、保肥、保水作用。但长期采用清耕法,土壤有机质迅速减少,还会使土壤结构受到破坏,影响果树的生长发育。

(2)生草法:除树盘外,在果树行间播种禾本科、豆科等草种的土壤管理方法。生草法在土壤水分较好的果园可以采用。但应选择优良草种,关键时期补充肥水,刈割覆于地面,在缺乏有机质、土壤较深厚、水土易流失的果园,生草法是较好的土壤管理方法。

生草后土壤不进行耕锄,土壤管理较省工,可减少土壤冲刷,遗留在土壤中的草根,增加了土壤有机质,改善土壤理化性状,使土壤能保持良好的团粒结构。在雨季,生草果园消耗土壤中过多水、养分,可促进果实成熟和枝条充实,提高果实品质。

果园生草作为果园绿肥,有效解决土壤有机质含量偏低,果园有机肥放入不足的现象。生草适宜的豆科牧草有白三叶、红三叶、紫花苜蓿、小冠花、百脉根、苕子、黑麦草、沙打旺等。

采用生草法,注意以下几个关键环节:一是因地制宜地选好草种和品种;二是掌握播种技术。播种时间以春、秋两季为宜。播种前每亩撒施磷肥150kg,翻耕20cm,耙碎耙平土壤,为草种出苗和苗期生长创造良好的条件;三是生草最初的几个月不要割,当草根扎深、营养体显著增加后,才开始刈割。一般1年刈割2～4次;四是苗期注意中耕除草,控制杂草生长,干旱时及时灌水并可补施少量氮肥;五是刈割技术,无灌溉条件的多年杂草,宜雨后刈割,刈割后撒施少量氮肥,促进草的再生;有灌溉条件的多年生草,每次刈割后撒施少量氮肥和灌水;六是草的更新,生草5～7年后,草逐渐老化,应及时将草翻压,闲置1～2年后再重新播种。

(3)覆盖法:是在树冠下或稍远处覆以杂草、秸秆、沙砾、淤泥等,不同果园应根据土质情况就地取材。

果园以覆草最为普遍,覆草厚度5～10cm,覆后逐年腐烂减少,要不断补充新草。覆盖能防止水土流失,抑制杂草生长,减少蒸发,防止返碱,积雪保墒,缩小地温昼夜与季节变化幅度,覆草更能增加有效态养分和有机质含量,并能防止磷、钾和镁等被土壤固定而成无效态,对团粒形成有显著效果。因而有利于果树的吸收和生长,但覆草也有招致虫害和鼠害、使果树根系变浅等不利影响。

(4)地膜覆盖:利用地膜覆盖树盘或树行,也有减少土壤水分蒸发、提高土壤肥力和早春土温(2～10℃),提早萌芽,促进果树生长,提高果树栽植成活率,增加产量,改善果实外观品质,促进成熟的作用。地膜的颜色有无色、乳白色、绿色、黑色、银色等,其中银色反光膜对于促进果实着色有显著效果,黑色地膜抑制杂草生长效果明显。

三、果园施肥

果树和其他植物一样,正常的生长结果,需要从土壤中吸收各种营养元素。果树固定生长在一个地方,每年都要不断地从这里取得养分,即使原来是肥沃的土壤,逐渐也会缺乏某些营养元素。因此要保持果树的丰产优质,就必须持续供给土壤必要的营养,所以施肥是果园管理中每年必不可少的工作。施肥是否合理,直接影响果树的生长、结果、果品产量、质量及经济效益。

(一)诊断施肥与平衡施肥

1.营养诊断。发达国家通过叶片分析来确定施肥量。在叶片成熟时根据各种果树的标准(可以集中收集取平均值或沙培进行测试)进行分析。

2.平衡施肥。主要依据果树元素吸收量及土壤供给能力来计算实现目标产量所需要的施肥指标。

就果树作物而言,若要真正做到准确配方施肥,同样必须掌握目标产量、果树作物需肥量、土壤供肥量、肥料利用率和肥料中有效养分含量等五大参数,这是平衡法配方施肥的基础。事实表明,五大参数缺一不可。

(1)果树作物目标产量:根据树种、品种、树龄、树势、花芽及气候、土壤、栽培管理等综合因素确定当年合理的目标产量。

(2)果树作物需肥量:果树在年周期中需要吸收一定的养分量,以构成自身完整的组织。

(3)土壤供肥量:土壤中矿质元素的含量相当丰富,但如果长期不施肥,则果树生长发育不良。这是由于土壤中的矿质元素多为不可给态存在,根系不能吸收利用所致。土壤中三要素天然供给量大致如下:氮的天然供给量约为氮的吸收量的1/3,磷为吸收量的1/2,钾为吸收量的1/2。

(4)肥料利用率:施入土壤中的肥料,由于土壤的吸附、固定作用和随水淋失、分解挥发的结果,因而不能全部被果树吸收利用。果树对肥料的利用率由于树种、品种、砧木以及土壤管理制度等不同而有差异,例如苹果同品种用M12砧木较M9砧木,对氮、钾吸收量大。果树对肥料的利用率,根据各地试验结果为氮约为50%、磷约为30%、钾为40%。如改进灌溉方式,可提高肥料利用率。例如灌溉式施肥,氮的利用率为50%～70%,磷的利用率约为45%,钾的利用率为40%～50%;喷灌式施肥,氮的利用率为95%,磷的利用率约为54%,钾的利用率约为80%。

(5)肥料中有效养分含量:在养分平衡法配方施肥中,肥料中有效养分含量是个重要参数。常用有机肥料及矿质肥料的有效养分含量表2-15。

表2-15 主要矿质肥料的种类和有效养分含量

肥料	氮(%)	磷(%)	钾(%)	肥料	氮(%)	磷(%)	钾(%)
硫酸铵	20～21			磷矿粉		10～35	
硫酸钾			24～48	骨粉	3～5	20～25	
碳酸氢铵	16～17			磷酸铵	17	47	
氯化钾			50～60	磷酸二氢钾		52	35
硝酸铵	23～35			草木灰		1～4	5～10
硝酸镁钙	20～21			复合肥(1)	20	15	20

窑灰钾肥			复合肥(2)	15	15	15
尿素	46		复合肥(3)	14	14	14
氨水	17		硼砂	含硼11~3		
氯化铵	24~25		硫酸锌	含锌23~25		
硝酸钙	13		硫酸亚铁	含铁19~29		
石灰氮	30		硫酸锰	含锰24~28		
过磷酸钙	12~20	12~20	硫酸镁	含镁16~20		
钙镁磷肥	含钙10~30	12~20				

(二) 施肥技术

1.施肥量。

(1)确定施肥量的依据:果树是多年生植物,植株本身情况和外界条件以及两者的关系非常复杂,因此很难定出统一施肥量标准。一般可根据下列几方面确定:

1)根据果树需肥情况:果树需要营养元素的种类多、数量大。果树多年固定生长在一个地方,不断地从土壤中吸收自身所需要的营养元素,使得这些营养元素越来越少,而其不需要的营养元素相对积累较多。因此,只有适时适量地向土壤中施入所缺乏的营养元素,才能保证果树高产对养分的需求。不施肥或少施肥,都会对树势和产量造成很大影响。

幼年果树管理的主要目标是搭好骨架,扩大树冠,建立强大的支撑根系,为以后高产奠定基础。在幼树期,充足的氮素供应对树体生长十分有利;供给较多的磷元素,对幼树根系生长发育作用重大,有助于幼树形成强大的根系;幼年果树的需钾量比结果期果树要少,但适量的钾素供应还是必要的。

果树进入结果期以后,对各种养分的需求数量逐年增多,到盛果期吸收各种养分的数量达到了高峰。果树对钾和氮的吸收数量最多,对磷的吸收数量相对较少;对钙、镁、硫、硼、锌、铁等微量元素的吸收数量比常规作物都多。在一年中,从果树萌芽到春梢生长,是吸收氮素的第一个高峰期;从幼果期到果实膨大期,果树吸收氮素的数量也较多;果实采收以后到果树落叶,吸收氮素的数量在三元素中为最多。果树吸收钾元素的最多时期是幼果到果实膨大期。果树对磷元素的吸收在一年中比较平稳,果实膨大期相对较多。

适期适量施肥,是强壮树势、提高产量和品质的重要措施。生产中,有很多果园因施肥不当,造成树势衰弱、产量出现"大小年"现象。果树一年中,需要施用3~4次肥料。施肥种类和用量,应以树势强弱、计划产量、土壤养分含量等因素为主要依据。

2)根据土壤、气候等外界条件:土壤状况与施肥量有密切关系。基础好而肥沃的土壤,施肥量可适当减少;瘠薄的山地、沙地果园除积极进行土壤改良外,必须配合多施肥,才能保证果树生长结果良好。多雨地区,必须采用多次少施的方法才会防止浪费肥料,提高肥效。此外,地形、地势、土壤酸碱度、气候条件的综合状况等,对施肥量都有影响。果园的栽培管理技术也是施肥的依据。

3)肥料种类和施肥期:各种肥料中有效成分不同,施用量应有区别。不同施肥时期的作用不一样,使用肥料种类不同,都应区别对待。

(2)施肥量的确定:目前中国果园施肥量的确定大部分是根据植株生长势、花芽形成多少、产量指标等,参考当地果园的经验施肥量,达到既能保证树势健壮,又能获得丰产的要求,就是较合理的施肥量。

施肥量的确立要合理的考虑树体的生长状况、土壤情况、气候条件以及栽培管理技术措施等,最好是进行测土配方施肥。

2.施肥时期。

(1)确定施肥期的依据。

1)掌握果树需肥时期:果树的需肥情况因物候期而不同。在生长前期,由于建造大量的器官,需氮量最多,以后则逐渐减少。磷的吸收在生长初期较多,以后保持稳定。钾的吸收主要在开花以后,果实生长及成熟期需要量更多。当然,各树种的规律并不完全相同。

2)掌握土壤中营养和水分状况:各种土壤结构与营养水分状况不同,影响施肥时期。贫瘠的土壤,春季多次追肥十分重要,而在有机质含量高而肥沃的土壤上,则可减少施肥次数。土壤含水量与发挥肥效有关,土壤缺水时,施肥常有害无利,因此要根据是否能供应水分确定施肥期,在缺水地区应在降水期施肥。

3)肥料的种类和性质:迟效性有机肥料及发挥肥效较慢的种类应在秋季施入,而速效肥料宜在果树需肥期前几天施入。

(2)施肥时期:根据肥料的性能和施肥时期可分为基肥和追肥两大类:

1)基肥:基肥是供给果树多种营养物质的基础肥料。通常在秋季施用,宜早不宜晚,即一般在8月下旬至10月下旬施入为好。因为秋季正值果树根系一年中的最后一次生长高峰期,根系吸收能力强,断根愈合快,有利于新根产生和养分吸收;同时秋季气温较高,雨量充沛,有机肥分解时间较长,翌春可及时供给根系吸收利用;秋施基肥可增加树体贮藏养分,促进花芽分化,增强果树越冬抗寒能力,促进翌年春季果树的生长。

基肥主要是有机肥,例如厩肥、畜粪肥、堆肥、人粪尿、饼肥、作物秸秆、杂草、绿肥等。有时也可混入过磷酸钙、骨粉等,以利次年肥效的发挥。基肥逐渐分解,可不断地供给果树各种大量元素和微量元素。

基肥可以改良土壤结构,增加有机质,改善土壤中的水、肥、气、热状况,有利微生物活动。秋施基肥,断根易恢复,有机物腐烂分解时间长,矿质化程度高,利于翌春根系吸收利用,还可积雪保墒,提高地温,减轻根系冻害。春施基肥缺点较多,但必要时也可采用,但应注意肥料种类应较易于分解,腐熟充分,并尽量少伤根,基肥应每年施用。

基肥的施用量因果园的土壤状况、树体生长发育状况、树种、品种不同而不同,目前生产上没有一个统一的施肥量标准。一般情况下幼树每年株施厩肥25~50kg,初果期树每年株施100~150kg,盛果期每年株施150~200kg。也可按照果树的产量进行施肥,生产经验有斤果斤肥或斤果斤半肥。

2)追肥:在施入基肥的基础上,根据物候期需肥特点,再补施一些速效性肥料,叫做追肥。果树追肥的时期和次数依树种、品种、生长结果状况和土壤肥力而定。一般在萌芽期前后、开花后、果实膨大期和花芽分化期对养分需要量较大,追肥效果显著。苹果、梨、桃、葡萄等落叶果树多在果树萌芽前,进行第一次追肥。此时应追施氮素为主的肥料,每亩追施尿素30~40kg。在幼果期,进行第二次追肥,此时应追施含氮、磷、钾的复合肥料。在果实膨大期,进行第三次追肥,此时应追施高氮、高钾、低磷型复合肥料。

上述追肥时期和次数应根据具体情况灵活运用。追肥的次数和数量应本着经济有效的原则,合理施用,才能取得良好效果。

四、果园水分管理

(一) 果园灌溉

1.果树需水特性。果树需水的规律,是合理安排灌排工作,科学调节果园水分状况,适时适量地满足果树需水要求,确保优质、高产稳产的重要依据。果树需水情况,具有下列一些特点。

1)果树种类不同对水分的要求不同:不同种类的果树,其本身形态构造和生长特点均不相同,凡是生长期长,叶面积大,生长速度快,根系发达,产量高的果树,需水量均较大;反之,需水量则较小。苹果、梨、桃、葡萄、柑桔等比枣、柿、栗、银杏等果树的需水量均大。

按需水量大小,可将果树划分成三大类:柑桔、苹果、梨、葡萄等需水量大;桃、柿、杨梅、枇杷等需水量中等;枣、栗、无花果、银杏等需水量较小。

2)同一果树不同生育阶段和不同物候期:对需水量有不同的需求。管理中保证果树前半期生长,水分供应充足,以利生长与结果,而后半期要控制水分,保证枝条及时停止生长,使果树适时进入休眠期,做好越冬准备。根据各地的气候状况,在下述物候期中,如土壤含水量低时,结合施肥进行灌溉。

发芽前后到开花期。此时土壤中如有充足的水分,可以加强新梢的生长,加大叶面积,增加光合作用,并使开花和坐果正常,为当年丰产打下基础。春旱地区,此期充分灌水更为重要。

新梢生长和幼果膨大期。此期常称为果树的需水临界期。此时果树的生理机能最旺盛,如水分不足,则叶片夺取幼果的水分,使幼果皱缩而脱落。如严重干旱时,叶片还将从吸收根组织内部夺取水分,影响根的吸收作用正常进行,从而导致生长减弱,产量显著下降。雨量大的年份,还应注意排水。

果实迅速膨大期。就多数主要落叶果树而言,此时既是果实迅速膨大期,也是花芽大量分化期,此时及时灌水,不但可以满足果实肥大对水分的要求,同时可以促进花芽健壮分化,从而达到在提高产量的同时,又形成大量有效花芽,为连年丰产创造条件。

采果前后及休眠期。在秋冬干旱地区,此时灌水可使土壤中贮备足够的水分,有助于肥料的分解,从而促进果树翌春的生长发育。在北方对多数落叶果树来说,在临近采收期之前不宜灌水,以免降低品质或引起裂果。寒地果树在土壤结冻前灌一次封冻水,对果树越冬甚为有利。

3)果园自然条件不同:果树需水量不同。不同果树生长地区的气候、地形、土壤等不同,其需水状况也不一致。气温高、日照强、风大、空气干燥,使叶面蒸腾和株间蒸发加大,需水量增多。

(2)灌溉时期:依据果树生长的特点,结合土壤含水量进行确定灌溉的时期。一般认为当土壤含水量达到田间持水量的60%~80%时,最符合果树生长结果的需要。因此,当土壤含水量低于持水量的60%以下时,应进行灌水。

(3)灌溉方式:沟灌、分区灌溉(水池灌溉、格田灌溉)、盘灌(树盘灌水、盘状灌溉)、穴灌、喷灌、滴灌、渗灌。

(二)果园排水

排水可以增加土壤的空气含量、改善土壤理化性质,促进好氧性微生物活动,改善果树根系的生长环境。排水对地势低洼、降雨强度较大、土壤渗水不良的地区尤为重要。

一般平地果园的排水系统,分明沟排水与暗沟排水两种,明沟排水是在地面挖成的沟渠,广泛地应用于地面和地下排水。地面浅排水沟通常用来排除地面的灌溉贮水和雨水,这种排水沟排地下水的作用很小,多单纯作为退水沟或排雨水的沟。深层地下排水沟多用于排地下水并当作地面和地下排水系统的集水沟。

暗管排水多用于汇集地排出地下水。在特殊情况下,也可用暗管排泄雨水或过多的地面灌溉贮水。当需要汇集地下水以外的外来水时,必须采用直径较大的管子,以便排泄增加的流量并防止泥沙造成堵塞,当汇集地表水时,管子应按半管流进行设计。

采用地下管道排水的方法,不占用土地,也不影响机械耕作,但地下管道容易堵塞,成本也较高,一般国外多采用明沟除涝,暗管排除土壤过多水分,调节区域地下水位,成为全面排水的发展体系。

第三章 肥料的种类、性质及施用方法

第一节 氮肥

氮肥:是指具有氮(N)标明量,并提供植物氮素营养的单元肥料。氮肥的主要作用:一是提高生物总量和经济产量。施用氮肥有明显的增产效果,在增加作物产量的作用中氮肥所占份额在磷肥(P)、钾肥(K)等肥料之上;二是改善农作物的营养价值,特别是能增加种子中蛋白质含量,提高食品的营养价值。[1]

氮肥品种:常用的氮肥品种可分为铵态、硝态、铵态硝态和酰胺态氮肥4种类型,各类氮肥主要品种如下。

铵态氮肥:有硫酸铵、氯化铵、碳酸氢铵、氨水和液体氨。

硝态氮肥:有硝酸钠、硝酸钙。

铵态硝态氮肥:有硝酸铵、硝酸铵钙和硫硝酸铵。

酰胺态氮肥:有尿素、氰氨化钙(石灰氮)。

合理施用氮肥要注意以下几点。

第一,根据各种氮肥特性加以区别对待。碳酸氢铵和氨水易挥发,宜作基肥深施;硝态氮肥在土壤中移动性强,肥效快,是旱田的良好追肥;一般水田作追肥可用铵态氮肥或尿素。有些肥料对种子有毒害,如尿素、碳酸氢铵、氨水、石灰氮等,不宜做种肥;硫酸铵等尽管可作种肥,但用量不宜过多,并且肥料与种子间最好有土壤隔离。在雨量偏少的干旱地区,硝态氮肥的淋湿问题不突出,因此,以施用硝态氮肥较合适,在多雨地区或降雨季节,以施用铵态氮肥和尿素较好。

第二,氮肥深施。氮肥深施可以减少肥料的直接挥发、随水流失、硝化脱氮等方面的损失。深层施肥还有利于根系发育,使根系深扎,扩大营养面积。

第三,合理配施其他肥料。氮肥与有机肥配合施用对夺取作物高产、稳产,降低成本具有重要作用,这样做不仅可以更好地满足作物对养分的需要,而且还可以培肥地力。氮肥与磷肥配合施用,可提高氮磷两种养分的利用效果,尤其在土壤肥力较低的土壤上,氮磷肥配合施用效果更好。在有效钾含量不足的土壤上,氮肥与钾肥配合使用,也能提高氮肥的效果。

---

[1]刘慧敏. 氮肥的特性及使用[J]. 河南农业,2014(11):12.

第四,根据作物的目标产量和土壤的供氮能力,确定氮肥的合理用量,并且合理掌握基、追肥比例及施用时期,这要因具体作物而定,并与灌溉、耕作等栽培措施相结合。

一、碳酸氢铵

(一)碳酸氢铵的性质

简称碳铵,含N17%左右。是固体氮肥中含氮量较低的品种。纯品为白色粉末状结晶体,有氨味,易分解,吸湿性强,易结块,较易溶于水。碳铵是一种不稳定的化合物,易分解为氨、二氧化碳,造成氮素损失。碳铵为生理中性速效性氮肥。执行标准如表3-1所示。

表3-1　农业用碳酸氢铵的技术指标

单位:%				
项目	碳酸氢铵			干碳酸氢铵
	优等品	一等品	合格品	
外观	白色或浅色结晶	白色或浅色结晶	白色或浅色结晶	白色或浅色结晶
氮(N)≥	17.2	17.1	16.8	17.5
水分(H_2O)≤	3.0	3.5	5.0	0.5

注:优等品和一等品必须含有添加剂,以保证碳酸氢铵具有良好的物理性能,使用方便。

(二)碳酸氢铵的鉴别

(1)看形状:碳酸氢铵为结晶小颗粒。

(2)看颜色:优等品和一等品的碳酸氢铵一般呈白颜色,部分合格品的碳酸氢铵呈微黄色;长效碳酸氢铵呈现灰色、灰白色等。

(3)闻气味:碳酸氢铵有特殊的刺鼻氨味。

(4)观察水溶性:利用白瓷碗或透明的玻璃杯,向其中加入清水,向里面加入少量碳酸氢铵,搅拌,观察溶解情况,合格品的碳酸氢铵应该能溶解于水。

(5)检查pH值:利用pH广泛试纸(这种试纸比较便宜)检查溶解后的碳酸氢铵水溶液,pH试纸应该呈现深蓝色或蓝黑色。

(6)铁片灼烧:将铁片烧红,取少量碳酸氢铵放在铁片上观察,没有熔融过程,直接分解,铁片上没有残留物,有强烈氨味的白烟。

(三)碳酸氢铵的施用与贮存

碳酸氢铵适用于各种作物和土壤,长期施用不会影响土质。

1.作基肥。可沟施或穴施。若能结合耕翻深施,效果会更好。施用深度要大于6cm(砂质土壤可更深些),且施入后要立即覆土,只有这样才能减少氮素的损失。

2.作追肥。旱田可结合中耕,要深施6cm以下,并立即覆土,还要及时浇水。水田要保持3cm左右的浅水层,但不要过浅,否则容易伤根,施后要及时进行耕耙,以便使肥料被土壤很好地吸收。

3.施用注意事项。注意事项有以下几点:①不能与碱性肥料混合施用:以防止氨挥发,造成氮素损失;②土壤干旱或墒情不足时,不宜施用;③施用时勿与作物种子、根、茎、叶接触,以免灼伤植物;④不宜做种肥:否则可能影响种子发芽;⑤无论作基肥或追肥:切忌在土壤表面撒施,以防氮挥发,造成氮素损失或熏伤作物。追肥时不要在刚下雨后或者在露水还未干前撒施。

4.贮存。碳酸氢铵在搬运过程中注意轻搬轻放、防止包装袋破裂。在运输与贮存中应注意防潮、防晒、防雨并贮于低温处。不能将产品堆放在日晒或环境潮湿的地方。

二、氯化铵

(一) 氯化铵的性质

氯化铵含N25%,纯品为白色或略带黄色的方形或八面体小结晶。从表面看与食盐非常相似。氯化铵吸湿性比硫酸铵大,比硝酸铵小,不易结块,易溶于水,为生理酸性速效氮肥,执行标准如表3-2所示。

表3-2　氯化铵的技术指标

(单位:%)			
指标名称	优等品	一等品	合格品
氮(N)含量(以干基计)≥			
水分①≤			
钠盐含量(以Na计)≤			
粒度②(1.0～4.0mm颗粒)≥			
松散度③(孔径5.0mm)≥			

注:①水分为出厂检验结果。结晶状产品必须添加防结块剂;②结晶状产品不控制粒度、松散度两项指标;③松散度为监督抽检项目。每7天测定一次,均以出厂检验结果为准,但生产厂必须保证每批出厂产品合格。

(二) 氯化铵的鉴别

(1)看形状:氯化铵为细小块状或结晶的小颗粒。

(2)看颜色:氯化铵一般呈白色或微黄色。

(3)闻气味:氯化铵一般没有气味,个别产品因为含有微量碳酸氢铵而有氨气味,但是氨味远弱于碳酸氢铵。

(4)观察溶解情况:利用白瓷碗或透明的玻璃杯,其中加入清水,加入少量氯化铵,搅拌,观察溶解情况,合格品的氯化铵应该能完全溶解于水中。

(5)测量pH值:将pH试纸插入氯化铵溶液中,试纸呈现微红色。

(6)铁片灼烧:把铁片烧红后,将少量氯化铵放在其上,能发现肥料迅速消失,放出白色浓烟,并能闻到氨味和盐酸味,融化完后铁板上无残烬。

(三) 氯化铵的施用与贮存

氯化铵适于粮食作物等,也适于酸性土壤和石灰性土壤。

1.作基肥。氯化铵作基肥施用后,应及时浇水,以便将肥料中的氯离子淋洗至土壤下层,减小对作物的不利影响。

2.作追肥。适宜作追肥,作为追肥时要掌握小量多次的原则。

3.施用注意事项。注意事项有以下几点:①不能用于烟草、甘蔗、甜菜、茶树、马铃薯等忌氯作物。西瓜、葡萄等作物也不易长期使用;②不能用于排水不利的盐碱地上,以防止加重土壤盐害;③氯化铵不适于干旱少雨地区,最适用于水田;④不宜用作种肥和秧田肥。因为氯化铵在土壤中会生成水溶性氯化物,影响种子的发芽和幼苗生长。

4.贮存。农用氯化铵在贮运过程中应保持干燥,避免雨淋受潮、阳光直晒,并避免与碱、酸类物品存放一处。贮存时应注意保持仓库的通风干燥,阴凉低温。

三、硫酸铵

(一) 硫酸铵的性质

硫酸铵含氮量21%,简称硫铵。纯品为白色晶体,含少量杂质时呈微黄色。易溶于水,吸湿性小,不易结块,物理性状良好,化学性质稳定,常温下无挥发,不分解。执行标准如表3-3所示。

表3-3 硫酸铵的技术指标

(单位:%)			
项目	指标		
	优等品	一等品	合格品
外观	白色结晶,无可见机械杂质	无可见机械杂质	无可见机械杂质
氮(N)含量(以干基计)≥	21.0	21.0	20.5
水分(H_2O)≤	0.2	0.3	1.0
游离酸(H_2SO_4)含量≤	0.03	0.05	0.2
铁(Fe)含量≤	0.007	—	—
砷(As)含量≤	0.00005	—	—
重金属(以Pb计)含量≤	0.005	—	—
水不溶物含量≤	0.01	—	—

注:硫酸铵作农业用时可不检验铁、砷、重金属和水不溶物含量等指标。

(二) 硫酸铵的鉴别

(1)看形状:硫酸铵为结晶小颗粒。

(2)看颜色:优等品的硫酸铵呈白色,一等品和合格品的硫酸铵可以为白色、灰色、粉红色等颜色。

(3)闻气味:硫酸铵基本上没有气味。

(4)观察溶解现象:利用玻璃杯或白瓷碗,向其中加入清水,然后取少量硫酸铵加入,搅动或摇晃,可以发现硫酸铵能完全溶解于水中。

(5)测量pH值:将pH试纸插入硫酸铵溶液中,试纸呈现微红色。

(6)观察铁片灼烧现象:把铁片烧红后,将少量硫酸铵放在铁片上,能够发现肥料逐渐融化,并发出白色烟雾和刺鼻的氨味,融化完后铁板上留有残烬,但是不会发生燃烧现象。

(三) 硫酸铵的施用与贮存

硫酸铵为生理酸性速效氮肥,一般比较适用于小麦、玉米、水稻、棉花、甘薯、麻类、果树、蔬菜等作物。对于土壤而言,硫酸铵最适于中性土壤和碱性土壤,而不适于酸性土壤。

1.作基肥。硫酸铵作基肥时要深施覆土,以利于作物吸收。

2.作追肥。这是最适宜的施用方法,根据不同土壤类型确定硫酸铵的追肥用量。对保水保肥性能差的土壤,要分期追肥,每次用量不宜过多;对保水保肥性能好的土壤,每次用量可适当多些。土壤水分多少也对肥效有较大的影响,特别是旱地,施用硫酸铵时一定要注意适时浇水。水田作追肥时,则应先排水落干,并且要注意结合耕耙同时施用。此外,不同作物施用硫酸铵时也存在明显的差异,如用于果树时,可开沟条施、环施或穴施。

3.作种肥。硫酸铵对种子发芽无不良影响,可用做种肥。

4.施用注意事项。注意事项有以下几种:①不能将硫酸铵与其他碱性肥料或碱性物质接触或混合施用,以防降低肥效;②不宜在同一块耕地上长期施用硫酸铵,否则土壤会变酸造成板结。如确需施用时,可适量配合施用一些石灰或有机肥。但必须注意硫酸铵和石灰不能混施,以防止硫酸铵分解,造成氮素损失。一般两者的配合施用要相隔3~5天;③硫酸铵不适于在酸性土壤上施用。

5.贮存。硫酸铵在运输过程中应防潮和防包装袋破损,在贮存时应注意地面平整,库房内阴凉、通风干燥,严禁与石灰、水泥、草木灰等碱性物质接触或同库存放,包装袋堆置高度应小于7m。

四、尿素

(一) 尿素的性质

尿素含氮46%,目前是固体氮肥中含氮量最高的品种。纯品为白色或略带黄色的结晶体或小颗粒,吸湿性较小,易溶于水,为生理中性氮肥。执行标准如表3-4所示。

表3-4　农业用尿素的技术指标

(单位:%)				
项目		优等品	一等品	合格品
外观		白色或浅色颗粒状	白色或浅色颗粒状	白色或浅色颗粒状
总氮(N)(以干基计)≥		46.4	46.2	46.0
缩二脲≤		0.9	1.0	1.5
水分≤		0.4	0.5	1.0
亚甲基二脲(以HCHCO计)①≤		0.6	0.6	0.6
粒度②(d)	0.85~2.80mm≥	93	90	90
	1.18~3.35mm≥			
	2.00~4.75mm≥			
	4.00~8.00mm≥			

注:①若在尿素生产工艺中不加甲醛,可不做亚甲基二脲含量的测定;②指标中粒度项只需符合四档中任一档即可,包装标志中应注明。

(二) 尿素的鉴别

(1)看形状:尿素为颗粒状,分大颗粒和小颗粒两种。

(2)看颜色:尿素颗粒一般呈无色透明状,含有杂质的呈微黄色。

(3)闻气味:尿素本身没有任何气味。

(4)观察溶解情况:尿素很容易溶解于水,水溶液的pH呈中性。

(5)观察潮解情况:尿素很容易吸湿,放在空气中12小时以上,尿素颗粒就可能溶化。

(6)观察铁片灼烧:把铁片烧红后,将少量的尿素颗粒放在其上,肥料边融化边冒白烟,并放出刺激性氨味,融化后铁板上无残留物。

(三) 尿素的施用与贮存

尿素养分含量较高,适用于各种土壤和多种作物,尿素适宜作基肥、追肥,最适合作追肥,特别是根外追肥效果好。

1.作基肥、追肥。尿素施入土壤,只有在转化成碳酸氢铵后才能被作物大量吸收利用。由于存在转化的过程,因此肥效较慢,一般要提前4~6天施用。同时还要求深施覆土,施后也不要立即灌水,以防氮素淋至深层,降低肥效。

2.作根外追肥。作根外追肥时,尤其是叶面喷施,对尿素中的营养成分吸收很快,利用率也高,增产效果明显。喷施尿素时,对浓度要求较为严格,一般禾本科作物的浓度为1.5%~2%,果树为0.5%左右,露地蔬菜为0.5%~1.5%,温室蔬菜在0.2%~0.3%。对于生长盛期的作物,或者是成年的果树,施用尿素的浓度可适当提高。

3.施用注意事项。注意事项有以下几点:①一般不直接作种肥。因为尿素中含有少量的缩二脲,缩二脲对种子的发芽和生长均有害。如果作种肥时,可将种子和尿素分开下地,切不可用尿素浸种或拌种;②当缩二脲含量高于0.5%时,不可用作根外追肥;③尿素转化成碳酸氢铵后,在石灰性土壤上易分解挥发,造成氮素损失,因此,要深施覆土。

4.贮存。尿素应贮存于场地平整、阴凉、通风干燥的仓库内,包装袋应堆放整齐,堆放高度应小于7m。尿素运输和贮存过程中应注意防雨、防晒。

五、硝酸铵

(一) 硝酸铵的性质

硝酸铵含N34%,简称硝铵。纯品为白色或淡黄色球形颗粒状或结晶细粒状,含氮量高。其中,铵态氮和硝态氮各占1/2,兼有两种形态氮肥的特性。易溶于水,为生理中性速效性氮肥。因为具有吸湿性极强以及易燃、易爆等硝态氮肥的特性,因此,常把硝铵归入硝态氮肥。执行标准如表3-5所示。

表3-5 农业用结晶状硝酸铵的技术指标

(单位:%)			
项目	优等品	一等品	合格品
总氮含量(以干基计)≥	34.6	34.6	34.6
游离水含量≤	0.3	0.5	0.7
酸度	甲基橙指示剂不显红色		

注:水分以出厂检验结果为准。

(二) 硝酸铵的鉴别

(1)看形状:硝酸铵呈结晶状和颗粒状两种不同形态。

(2)看颜色:硝酸铵外观呈白色或浅黄色,没有肉眼可见的机械杂质。

(3)闻气味:硝酸铵如果保存得好应该没有任何气味。

(4)观察潮解情况:将少量硝酸铵放在干净的瓷碗里,观察潮解情况。如果天气潮湿,肥料会很快化成水,在湿度不大的情况下,存放12小时以上也可能化成水。

(5)观察溶解情况:利用无色透明的玻璃杯或白瓷碗,向其中加入清水,加入少量硝酸铵,进行搅动,能够发现硝酸铵很快溶解于水。

(6)观察pH值:将pH试纸插入硝酸铵溶液中,发现试纸变红,说明溶液呈微酸性。

(7)观察铁片灼烧反应:把铁片烧红后,将少量硝酸铵放在上面,能发现硝酸铵边燃烧,边冒出白色烟雾,并放出刺激性氨味,融化后铁板上无残余物。

(三)硝酸铵的施用与贮存

硝酸铵适于多种类型土壤和作物。

1.作追肥。硝酸铵可以作追肥。但不宜作基肥,因为硝酸铵施入土壤后,解离成的硝酸根离子容易随水分淋失。硝酸铵也不宜作种肥,因其养分含量较高,吸湿性强,与种子接触会影响发芽。水田施用硝酸铵,氮素易淋失,肥效不如等氮量的其他氮肥。硝酸铵最为适宜作追肥,而且最适用于旱田的追肥,用量可根据地力和产量指标来定。

2.施用注意事项。注意事项有:①不能与酸性肥料(如过磷酸钙)和碱性肥料(如草木灰等)混合施用,以防降低肥效;②在施用时如遇结块,应轻轻地用木棍碾碎,不可猛砸,以防爆炸。

3.贮存。贮存时应注意以下几点:①硝酸铵是炸药成分之一,应避免与金属性粉末、油类、有机物质、木屑等易燃、易爆的物品混合贮运。硝酸铵可装在清洁干燥有篷布或带有盖的交通工具内运输;②硝酸铵不能与石灰氮、草木灰等碱性肥料混合贮存。仓库应保持通风干燥、防止受雨雪和地面湿气影响,同时,避免阳光直射;③在搬运和堆垛时,轻拿轻放,垛与垛、垛与墙之间应保持0.7~0.8m,以利于热的扩散。

第二节　磷肥

磷肥:具有磷(P)的标明量,以提供植物磷养分为其主要功效的单元肥料。磷是组成细胞核、原生质的重要元素,是核酸及核苷酸的组成部分。作物体内磷脂、酶类和植素中均含有磷,磷参与构成生物膜及碳水化合物,含氮物质和脂肪的合成、分解和运转等代谢过程,是作物生长发育必不可少的养分。合理施用磷肥,可增加作物产量,改善产品品质,加速谷类作物分蘖,促进幼穗分化、灌浆和籽粒饱满,促进早熟;还能促使瓜类、茄果类蔬菜及果树等作物的花芽分化和开花结实,提高结果率,增加浆果、甜菜、西瓜等的糖分、薯类作物薯块中的淀粉含量、油料作物籽粒含油量以及豆科作物种子蛋白质含量;在栽种豆科绿肥时,施用适量的磷肥能明显提高绿肥鲜草产量,使根瘤菌固氮量增多,达到通常称之为"以磷增氮"的目的。此外,施磷还能提高作物抗旱、抗寒和抗盐碱等抗逆性。

常用磷肥品种有水溶性磷肥、混溶性磷肥、枸溶性磷肥、难溶性磷肥,不同磷肥品种特性如下。

水溶性磷肥:主要有普通过磷酸钙,重过磷酸钙和磷酸铵(磷酸一铵、磷酸二铵),适合于各种土壤,各种作物,但最好用于中性或石灰性土壤。其中磷酸铵为氮磷二元复合肥料,最适在旱地施用,且磷含量高,在施用时,除豆科作物外,大多数作物直接施用必须配施氮肥,调整氮、磷比例,否则会造成浪费或氮、磷比例失调造成减产。

混溶性磷肥:指硝酸磷肥,也是一种氮磷二元复合肥料,最适宜在旱地施用,在水田和酸性土壤中施用易引起脱氮损失。

枸溶性磷肥:包括钙镁磷肥、磷酸氢钙、沉淀磷肥和钢渣磷肥。这类磷肥不溶于水,但在土壤中被弱酸溶解,然后被作物吸收利用,而在石灰性碱性土壤中,与土壤的钙结合,向难溶性的磷酸盐方向转化,降低磷的有效性,因此,适用酸性土壤中施用。

难溶性的磷肥:磷矿粉、骨粉等,只溶于强酸,不溶于水,施入土壤后,主要靠土壤中的酸使它慢慢溶解,才能变作物能利用的形态,肥效很慢,但是后效很长,适用于酸性土壤中作基肥,也可与有机肥料堆腐或与化学酸性、生理酸性肥料配合施用,效果较好。

合理施用磷肥品种要注意以下几点。

第一,根据土壤供磷能力,掌握合理的磷肥用量。土壤速效磷的含量是决定磷肥肥效的主要因素,一般土壤速效磷小于5mg/kg时,为严重缺磷,氮、磷肥施用比例应为1:1左右。速效磷在5～10mg/kg时,为中度缺磷,氮、磷肥施用比例在1:0.5左右。当速磷为10～15mg/kg时,为轻度缺磷,可以少施或隔年施用磷肥。当速效磷大于15mg/kg时,视为暂不缺磷,可以暂不施用磷肥。

第二,掌握磷肥在作物轮作中的合理分配。水田轮作时,如稻稻连作,在较缺磷的水田,早、晚稻磷肥的分配比例以2:1为宜;在不太缺磷的水田,磷肥可全部施在早稻上。在水旱稻轮作时,磷肥应首先施于旱作。在旱地轮作时,由于冬、秋季温度低,土壤磷素释放少,而夏季温度高,土壤磷素释放多,故磷肥应重点用于秋播作物上。如小麦、玉米轮作时,磷肥主要投入在小麦上作基肥,玉米利用其后效。豆科作物与粮食作物轮作时,磷肥重施于豆科作物上,以促进其同氮作用,达到以磷增氮的目的。

第三,掌握合理施用方法。磷肥施入土壤后易被土壤固定,且磷肥在土壤中的移动性差,这些都是导致磷肥当季利用率低的原因。为提高其肥效,旱地可用开沟条施、刨窝穴施;水田可用蘸秧根、塞秧蔸等集中施用的方法。同时注意在基施时上下分层施用,以满足作物苗期和中后期对磷的需求。

第四,配合施用有机肥、氮肥、钾肥等。与有机肥堆沤后再施用,能显著地提高磷肥的肥效。但与氮肥、钾肥等配合施用时,应掌握合理的配比,具体比例要根据对土壤中N、P、K等的化验结果及作物的种类确定。

一、过磷酸钙

(一) 过磷酸钙的性质

简称普钙,有效磷含量差异很大,一般12%～18%,纯品为深灰色或灰白色粉末,稍有酸味,易吸湿、易结块,有腐蚀性,易溶于水,为酸性速效磷肥,是应用比较普遍的一种磷肥。实行生产许可证管理制度。执行标准如表3-6所示。

表3-6　过磷酸钙的技术指标

项目	指标			
	优等品	一等品	合格品	
			I	II
有效五氧化二磷(P_2O_5)含量≥	18.0	16.0	14.0	12.0
游离酸(以P_2O_5计)含量≤	5.0	5.5	5.5	5.5
水分(H_2O)≤	12.0	14.0	14.0	15.0

(单位:%)

(二) 过磷酸钙的鉴别

(1)看形状:一般为粉末状,很少一部分为颗粒状。

(2)看颜色:一般呈现灰白色、深灰色、灰褐色和浅黄色。

(3)闻味道:用手指捻一捻肥料,手指感觉发涩,用鼻子闻时,能闻到过磷酸钙散发出酸味。

(4)观察溶解情况:向透明的玻璃杯或白瓷碗中加入清水,取少量过磷酸钙倒入,搅拌1分钟,然后静置5分钟,观察肥料的溶解情况,过磷酸钙肥料有一部分能溶于水中,另有一半沉淀于杯底。

(5)检查pH值:取一张pH试纸,插入过磷酸钙上清液中,取出,检查pH试纸的颜色,过磷酸钙水溶液成酸性,试纸变红色。

(6)在选购过磷酸钙时,要注意查看包装袋上是否有生产许可证号,并尽可能选购正规企业的产品。

(三) 过磷酸钙的施用与贮存

过磷酸钙适用于多种作物和多种土壤。可将它施在中性、石灰性缺磷土壤上,以防止固定。它既可以作基肥、追肥,又可以作种肥和根外追肥。

1.作基肥。对缺少速效磷的土壤,每公顷施用量可在750kg左右,耕地之前均匀撒施一半,结合耕地作基肥。播种前,再均匀撒施另一半,结合整地浅施入土,做到分层施磷。这样,过磷酸钙的肥料效果就比较好,其有效成分的利用率也高。如与有机肥混合作基肥时,过磷酸钙的每亩施用量应在20~25kg。也可采用沟施、穴施等集中施用方法。

2.作追肥。每亩的用量可控制在20~30kg,需要注意的是,一定要早施、深施,施到根系密集土层处。否则,过磷酸钙的效果就会不佳。若作种肥,过磷酸钙每亩用量应控制在10kg左右。

3.作根外追肥。适宜在作物开花前后叶面喷施过磷酸钙溶液,喷施浓度为1%~3%。

4.施用注意事项。注意事项有以下几点:①主要用在缺磷的地块,以利于发挥磷肥的增产潜力;②施用要适量,如果连年大量施用过磷酸钙,则会降低磷肥的效果;③不能与碱性肥料混合施用,以防酸碱中和降低肥效;④使用时过磷酸钙要碾碎过筛,否则会影响均匀度并会影响到肥料的效果。

5.贮存。磷酸钙在贮存和运输过程中应注意防潮、防晒和防包装袋破损。

二、重过磷酸钙

(一) 重过磷酸钙的性质

简称重钙,含有效磷40% ~ 50%,是一种高浓度磷肥。纯品为浅灰色颗粒或粉末状,带有酸味,粉末状易吸湿,易结块,有腐蚀性,多制作成颗粒状,不易吸湿,不易结块。易溶于水,为酸性速溶磷肥。执行标准如表3-7所示。

表3-7 颗粒状重过磷酸钙的技术指标

(单位:%)			
项目	指标		
	优等品	一等品	合格品
总磷(P_2O_5)含量≥	47.0	44.0	40.0
有效磷(P_2O_5)含量≥	46.0	42.0	38.0
游离酸(以P_2O_5计)含量≤	4.5	5.0	5.0
游离水分≤	3.5	4.0	5.0
粒度(1.0~4.0mm颗粒)≥	90	90	85
颗粒平均抗压强度,N≥	12	10	8

(二) 重过磷酸钙的鉴别

(1)看形状:有的为粉末状,有的为颗粒状。

(2)看颜色:一般呈现灰白色、深灰色、灰褐色或浅黄色。

(3)闻味道:用手指捻一捻肥料,手指感觉发涩。用鼻子闻时,能闻到过磷酸钙散发出的酸味。

(4)观察溶解情况:向透明的玻璃杯或白瓷碗中加入清水,取少量重过磷酸钙倒入,搅拌1分钟,静置5分钟,观察肥料的溶解情况,重过磷酸钙大部分能溶于水中,有一小部分沉淀于杯底(这是与普通过磷酸钙的差别)。

(5)检查pH值:取一张pH试纸,插入重过磷酸钙的上清液中,取出,检查pH试纸的颜色,水溶液呈酸性,试纸变为红色。

(三) 重过磷酸钙的施用与贮存

1.重过磷酸钙适用于各种作物和各类土壤。施用方法与过磷酸钙相同。由于重钙含磷量比较高,因而它的施用量比过磷酸钙要少。因为重过磷酸钙中不含具有硫成分的石膏,所以对喜硫作物,如马铃薯、豆科及十字花科作物等的施用效果在等磷条件下不及过磷酸钙。重过磷酸钙易溶于水,为酸性速效磷肥。由于这种肥料施入土壤后,固定比较强烈,所以目前世界上生产量和使用量都比较少。

2.重过磷酸钙施用中应注意事项与过磷酸钙相同。需要注意的是重过磷酸钙不宜用来蘸秧根,也不宜用来拌种。对于酸性土壤而言,施用前几天最好普施一次石灰。

3.重过磷酸钙的贮存。重过磷酸钙在贮存和运输过程中,应注意防潮、防晒和包装袋破损。

三、钙镁磷肥

(一) 钙镁磷肥的性质

钙镁磷肥的外观为灰白、黑绿或棕色玻璃状细粉。由于产地不同,产品规格相差较大,一般磷(P_2O_5)的含量在14%~20%,氧化钙(CaO)的含量在25%~40%。是一种以含磷为主,同时含有钙、镁、硅等成分的多元肥料。钙镁磷肥不溶于水,无毒,无腐蚀性,不易吸湿,不易结块,为化学碱性肥料。实行生产许可制度,执行标准如表3-8所示。

表3-8　钙镁磷肥的技术指标

(单位:%)			
项目	指标		
	优等品	一等品	合格品
有效五氧化二磷(P_2O_5)含量≥	18.0	15.0	12.0
水分含量≤	0.5	0.5	0.5
碱分(以CaO计)含量≥	45.0	—	—
可溶性硅(SiO_2)含量≥	20.0		
有效镁(MgO)含量≥	12.0	—	
细度:通过250μm标准筛≥	80	80	80

注:优等品中碱分、可溶性硅和有效镁含量如用户没有要求,生产厂可不做检。

(二) 钙镁磷肥的鉴别

(1)看形状:一般为粉末状。

(2)看颜色:一般为暗绿色、灰褐色、灰黑色、灰白色等。

(3)闻味道:没有任何味道。

(4)观察溶解情况:向透明的玻璃杯或白瓷碗中加入清水,取少量钙镁磷肥倒入,搅拌1分钟,静置5分钟,观察肥料的溶解情况,钙镁磷肥全部沉淀于杯底。

(5)检查pH值:取一张pH试纸,插入钙镁磷肥上清液中,取出检查pH试纸的颜色,钙镁磷肥的水溶液呈碱性,试纸变为蓝(紫)色。

(6)在选购钙镁磷肥时:应注意包装袋上是否标注生产许可证号,并尽可能选购正规企业的产品。

(三) 钙镁磷肥的施用与贮存

钙镁磷肥广泛适用于各种作物和缺磷的酸性土壤,特别适用于南方钙镁淋溶较严重的酸性红壤。

1.做基肥。最适合于作基肥深施,钙镁磷肥施入土壤后,其中磷只能被弱酸溶解,要经过一定的转化过程,才能被作物利用,所以肥效较慢,属缓效肥料。一般要结合深耕,将肥料均匀施入土壤,使它与土层混合,以利于溶解及作物的吸收。也可与10倍以上的优质有机肥混拌堆沤1个月以上,沤制好的肥料用作基肥(也可用作种肥、蘸秧根)。钙镁磷肥一般每亩用量要控制在15~20kg,通常每亩施钙镁磷肥35~40kg时,可隔年施用。

2.蘸秧根。南方水田可用来蘸秧根,每亩用量在10kg左右,对秧苗无伤害,效果也比较好。

3.施用注意事项。应注意以下几点:①钙镁磷肥与普钙、氮肥配合施用效果比较好,但不能与它们混施;②钙镁磷肥通常不能与酸性肥料混合施用,否则会降低肥料的效果;③钙镁磷肥最适合于对枸溶性磷吸收能力强的作物,如油菜、萝卜、豆科作物和瓜类等作物上。水稻田缺硅时,施用钙镁磷肥效果也好。

4.贮存。钙镁磷肥贮存时应保持仓库的阴凉、通风干燥,堆置高度应小于7m。

第三节 钾肥

钾肥指具有钾(K)标明量的单元肥料,钾是植物营养三要素之一。与氮、磷元素不同,钾在植物体内呈离子态,具有高度的渗透性、流动性和再利用的特点。钾在植物体中对60多种酶体系的活化起着关键作用,对光合作用也起着积极的作用。钾素营养好的植物,能调节单位叶面积的气孔数和气孔大小,促进二氧化碳(CO_2)和来自叶组织的氧(O_2)的交换;供钾量充足,能加快作物导管和筛管的运输速率,并促进作物多种代谢过程。

钾元素被称为"品质元素"。它对作物产品质量的作用主要有:①能促进作物较好地利用氮,增加蛋白质的含量;②使核仁、种子、水果和块茎、块根增大,形状和色泽美观;③提高油料作物的含油量,增加果实中维生素C的含量;④加速水果、蔬菜和其他作物的成熟,使成熟期趋于一致;⑤增强产品抗碰伤和自然腐烂能力,延长贮运期限;⑥增加棉花、麻类作物纤维的强度、长度和细度及色泽纯度;⑦钾还可以提高作物抗逆性,如抗旱、抗寒、抗倒伏、抗病虫害侵蚀的能力。

钾肥的品种较少,常用的只有氯化钾和硫酸钾,其次是钾镁肥。草木灰中含有较多的钾,常把草木灰当作钾肥施用。另外,还将少量窑灰钾作为钾肥施用。

要掌握钾肥的正确施用方法,应注意以下4个方面。

第一,因土施用。钾肥应首先投放在土壤严重缺钾的区域。一般土壤速效钾低于80mg/kg时,钾肥效果明显,要增施钾肥;土壤速效钾在 $80 \sim 120$ mg/kg时,暂不施钾。从土壤质地看,砂质土壤速效钾含量往往较低,应增施钾肥。黏质土壤速效钾含量往往较高,可少施或不施。缺钾又缺硫的土壤可施硫酸钾,盐碱地不宜施氯化钾。在多雨地区或具有灌溉条件,排水状况良好的地区大多数作物都可施用氯化钾。

第二,因作物施用。施于喜钾作物如豆科作物、薯类作物、甘蔗、棉麻、烟等经济作物以及禾谷类的玉米、杂交水稻等。在多雨地区或具有灌溉条件,排水状况良好的地区,大多数作物都可施用氯化钾,少数经济作物为改善品质,不宜施用氯化钾。应根据农业生产对产品性状的要求及其用途决定钾肥的合理施用。

第三,注意轮作施钾。在冬小麦、夏玉米轮作中,钾肥应优先施在玉米上。

第四,注意钾肥品种之间的合理搭配。对于烟草、糖类作物、果树应选用硫酸钾为好;对于纤维作物,氯化钾则比较适宜。由于硫酸钾成本偏高,在高效经济作物上可以选用硫酸钾;而对于一般的大田作物除少数对氯敏感的作物外,则宜用较便宜的氯化钾。

一、氯化钾

(一) 氯化钾的性质

氯化钾含 K_2O 60%,纯品为白色、淡黄色、砖红色的结晶体。易溶于水,在水中的溶解度随着温度的升高不断增加。氯化钾呈现化学中性,生理酸性,为速效性钾肥。执行标准如表3-9所示。

表3-9 农业用氯化钾的技术指标

(单位:%)			
项目	指标		
	优等品	一等品	合格品
氧化钾(K_2O)含量(以干基计)≥	60	57	54
水分(H_2O)≤	6	6	6

(二) 氯化钾的鉴别

(1)看外观:氯化钾为结晶体。

(2)看颜色:氯化钾有红色和白色两种,个别的氯化钾呈灰白色或浅黄色。

(3)观察水溶性:进行水溶性试验,观察溶解情况,氯化钾很容易溶解于水。

(4)观察吸湿性:在潮湿的天气条件下,将少量的氯化钾肥料放于碗中并暴露在空气中过夜,第二天早晨发现氯化钾已经化成水。

(5)测量pH值:将pH试纸插入氯化钾水溶液中,溶液成中性或微酸性,试纸颜色基本不变或微变红(这是区分氯化钾和硫酸钾的方法之一)。

(6)观察灼烧火焰的颜色:将少许氯化钾放在铁片上,将铁片倾斜,使肥料在酒精灯(或火)上燃烧,能观察到紫色火焰。

(三)氯化钾的施用与贮存

氯化钾适用于缺钾土壤及大田作物,也适用于中性石灰性缺钾土壤。

1.作基肥、追肥。当用作基肥时,通常要在播种前10～15天,结合耕地将氯化钾施入土壤中。用作追肥时,一般要求在苗长大后再追施。施用时要掌握钾肥经济效益最大时的施用量,施用量控制在7.5～10kg/亩。对于保肥、保水能力比较差的砂性土,则要遵循少量多次施用的原则。氯化钾无论用作基肥还是用作追肥,都应提早施用,以利于通过雨水或利用灌溉水,将氯离子淋洗至土壤下层,清除或减轻氯离子对作物的危害。氯化钾不宜作种肥。因为氯化钾肥料中含有大量的氯离子,会影响种子的发芽和幼苗的生长。

2.氯化钾不宜用在"忌氯作物"上。在对氯敏感的作物上不宜施用,如烟草、甜菜、甘蔗、甘薯、马铃薯、葡萄、果树、茶树等。

3.施用注意事项。应注意以下几点:①氯化钾与氮肥、磷肥配合施用,可以更好地发挥其肥效;②透水性差的盐碱地不宜施用氯化钾,否则会增加对土壤的盐害;③砂性土壤施用氯化钾时,要配合施用有机肥;④酸性土壤一般不宜施用氯化钾,如要施用,可配合施用石灰和有机肥。

4.贮存。在氯化钾的贮存和运输过程中,应防止受潮和包装袋的破损。

二、硫酸钾

(一)硫酸钾的性质

硫酸钾K_2O含量50%。白色或带灰黄色的结晶体,易溶于水,溶解度随温度上升而增大。吸湿性较低,不易结块,物理性状优于氯化钾。硫酸钾为化学中性、生理酸性肥料。执行标准如表3-10所示。

表3-10 农业用硫酸钾的技术指标

（单位:%）						
项目	粉末状结晶			颗粒状		
	优等品	一等品	合格品	优等品	一等品	合格品
氧化钾（K_2O）含量≥	50.0	50.0	45.0	50.0	50.0	40.0
氯（Cl）含量≤	1.0	1.5	2.0	1.0	1.5	2.0

水分含量≤	0.5	1.5	3.0	0.5	1.5	3.0
游离酸(H_2SO_4)含量≤	1.0	1.5	2.0	1.0	1.5	2.0
粒度(粒径1.00~4.75mm或3.35~5.60mm)≥	—	—		90	90	90

(二)硫酸钾的鉴别

(1)看外观:硫酸钾为结晶体形状。

(2)看颜色:硫酸钾一般呈现白颜色,也有的成灰黄色、灰绿色或浅棕色。

(3)观察吸湿性:硫酸钾基本没有吸湿性,即使空气的湿度超过70%,硫酸钾仍然保持原来的性状(这是氯化钾和硫酸钾主要区别)。

(4)观察溶解情况:硫酸钾能够溶解,但溶解的速度比氯化钾慢,溶解的量也较氯化钾的小(这是氯化钾和硫酸钾区别之一)。

(5)观察火焰的颜色:利用氯化钾第一节中介绍的方法,观察硫酸钾的火焰颜色,硫酸钾在灼烧时有钾离子特有的紫色火焰。

(6)测量溶液pH值:将pH试纸插入硫酸钾水溶液中,优等品和一等品的硫酸钾溶液呈酸性,纸条颜色为红色;合格品的硫酸钾溶液呈碱性,纸条颜色为蓝色(这是区分氯化钾和硫酸钾的区别之一)。

(三)硫酸钾的施用与贮存

硫酸钾广泛适用于各类土壤和各种作物,特别是对氯敏感的作物。

1.作基肥。旱田用硫酸钾作基肥时,一定要深施覆土,以减少钾的晶体固定,并利于作物根系吸收,提高利用率。

2.作追肥。由于钾在土壤中移动性较小,应集中条施或穴施到根系较密集的土层,以促进吸收。砂性土壤常缺钾,宜作追肥以免淋失。

3.作种肥和根外追肥。作种肥每亩用量1.5~2.5kg,也可配制成0.2%~0.3%的溶液,作根外追肥。

4.施用注意事项。应注意以下几点:①对于水田等还原性较强的土壤,硫酸钾不及氯化钾,主要是易产生硫化氢毒害。酸性土壤宜配合施用石灰;②硫酸钾价格比较贵,在一般情况下,除对氯敏感的作物外,能用氯化钾的就可以不用硫酸钾;③对十字花科作物和大蒜等需硫较多的作物,效果较好,应优先调配使用。

5.贮存。在硫酸钾运输和贮存过程中,应防止受潮和包装袋的破损。

第四节 中量元素肥料

中量元素肥料：是指钙、镁、硫、硅肥，中量元素是作物生长过程中需要量次于氮、磷、钾而高于微量元素的营养元素，占作物体的0.1%～0.5%。这些元素在土壤中存量较多，同时，在施用大量元素时能够得到补充，一般情况下可满足作物的需求。但随着氮磷钾高浓度而不含中量元素的化肥的大量施用以及有机肥投入的减少，近年来在一些土壤和作物上中量元素缺乏的现象逐渐增加。应根据作物种类和土壤条件和环境等因素的不同合理施用不同中量元素肥料。

一、钙肥

(一) 含钙肥料的种类及性质

作物吸收钙的数量小于钾大于镁，钙的主要营养功能是能够稳定细胞膜结构，保持细胞的完整性，有助于生物膜有选择性地吸收离子，稳固细胞壁，促进细胞伸长，增强植物对环境胁迫的抗逆能力，防止植物早衰，提高作物品质，促进根系生长。植物缺钙生长受阻，节间较短，较一般正常生长的植株矮小，而且组织柔软。缺钙植株的顶芽、侧芽、根尖等分生组织首先出现缺素症，易腐烂死亡，幼叶卷曲畸形，叶缘开始变黄并逐渐坏死。缺钙使甘蓝、白菜和莴苣等出现叶焦病，番茄、辣椒、西瓜等出现脐腐病，苹果出现苦痘病和水心病。施用钙肥可以补充土壤中的钙、调节土壤理化性质，改良土壤，防治作物的缺钙症状。

钙肥的主要品种有石灰、石膏、普通过磷酸钙、重过磷酸钙、钙镁磷肥等（表3-11）。

表3-11　主要含钙肥料及性质

品种	氧化钙（%）	其他成分（%）
生石灰（石灰石烧制）	84.0～96.0	
生石灰（牡蛎、蚌壳烧制）	50.0～53.0	
生石灰（白云岩烧制）	26.0～58.0	氧化镁（MgO）10～14
熟石灰（消石灰）	64.0～75.0	
石灰石粉（石灰石粉碎）	45.0～56.0	
生石膏（变通石膏）	26.0～32.6	硫（S）15～18
熟石膏（雪花石膏）	35.0～38.0	硫（S）20～22
磷石膏	20.8	磷（P_2O_5）0.7～3.7、硫（S）10～13
普通过磷酸钙	16.5～28.0	磷（P_2O_5））12～20
重过磷酸钙	19.6～20.0	磷（P_2O_5）40～54

钙镁磷肥	25.0～30.0	磷(P_2O_5)14～20,氧化镁(MgO)15～18
钢渣磷肥	35.0～50.0	磷(P_2O_5)5～20
粉煤灰	2.0～46.0	磷(P_2O_5)0.1,钾(K_2O)1.2
草木灰	0.9～25.2	磷(P_2O_5)1.57氮(N)0.93
骨粉	26.0～27.0	磷(P_2O_5)20～35
氯化钙	47.3	
硝酸钙	26.6～34.2	氮(N)12～17
石灰氮	54.0	氮(N)20～21

(二)钙肥的施用方法

1.石灰的施用。石灰可分为生石灰、熟石灰和石灰石粉,属强碱性。土壤施用石灰除补充作物钙外,对酸性土壤能调节土壤酸碱程度,改善土壤结构;促进土壤有益微生物的活动,加速有机质分解和养分释放;能减轻土壤中铁、铝离子对磷的固定,提高磷的有效性;石灰能杀死土壤中病菌和虫卵以及消灭杂草。石灰主要用于酸性土壤,可以作基肥,也可以作追肥。

(1)基肥:结合整地将石灰与农家肥一起施入,也可以结合绿肥压青和稻草还田进行。水稻秧田一般施225～375kg/亩,本田施750～1500kg/亩,旱地施基肥375～750kg/亩,用于改土施2250～3750kg/亩。

(2)追肥:基肥未施石灰的可在作物生育期间追施,水稻可结合中耕施375kg左右,旱地可以条施或穴施,施225kg为宜。

(3)施用石灰应注意几点:首先石灰不宜使用过量,否则会加速有机质大量分解,使土壤肥力下降,并易引起土壤板结和结构破坏;其次石灰呈碱性,应施用均匀,以防止局部土壤碱性过大,影响作物生长,应避免与种子或根系接触;其三对小麦、大麦等不耐酸的作物可适当多施,豆类、甜菜、水稻等中等耐酸作物可以少施,马铃薯、烟草、茶树等耐酸强的作物,可以不施。石灰残效期有2～3年,一次施用量较多时,不要年年施用。

2.石膏的施用。农用石膏有生石膏、熟石膏和磷石膏3种,呈酸性。主要用于碱性土壤,消除土壤碱性,起到改土和供给作物钙、硫营养的作用。石膏可以作基肥,作追肥,也可以作种肥等。

(1)作为改碱施用:宜作基肥,一般在土壤pH值9以上,含有碳酸钠的碱性土中施用石膏,施1500～3000kg/亩,结合灌排深翻入土,后效长,不必年年都施。为提高改土效果应与种植绿肥或与农家肥和磷肥配合施用。

(2)作为钙、硫营养施用:水田作基肥或追肥用量75～150kg/亩,蘸秧根用量45kg/亩左右。旱地撒施于土表,再结合翻耕作基肥,基施用量225～375kg/亩,也可以作为种肥条施或穴施,作种肥施60～75kg/亩。

二、镁肥

(一) 含镁肥料的种类及性质

镁对植物代谢和生长发育具有很重要的作用,主要作用在植物叶绿素合成、光合作用、蛋白质合成、酶的活化中。不同植物含镁量不同,豆科植物地上部分的含镁量是禾本科的2～3倍。植株缺镁叶绿素含量下降,出现失绿症,植株矮小,生长缓慢。双子叶植物缺镁叶脉间失绿,并逐渐由淡绿色转变为黄色或白色,还会出现大小不一的褐色或紫红色斑点或条纹,严重时出现叶片坏死。禾本科植物缺镁,叶基部叶绿素积累出现暗绿色斑点,其余部分淡黄色,严重时叶片退色而有条纹,特别典型是叶尖出现坏死斑点。缺镁首先表现在老叶上,得不到补充则发展到新叶。

镁肥的主要品种有硫酸镁、氯化镁、钙镁磷肥等(表3-12)。

表3-12 主要含镁肥料及性质

肥料名称	主要成分	含镁量(%)
硫酸镁	$MgSO_4 \cdot 7H_2O$	9.6～9.8
氯化镁	$MgCl_2$	25.6
碳酸镁	$MgCO_3$	28.8
硝酸镁	$Mg(NO_3)_2$	16.4
氧化镁	MgO	55.0
钾镁肥	$MgSO_4 \cdot KSO_4$	7～8
硫酸钾镁	$KSO_4 \cdot 2MgSO_4$	11.2
白云石粉	$CaCO_3 \cdot MgCO_3$	11～13
光卤石	$KCl \cdot MgCl_2 \cdot 6H_2O$	8.7

(二) 镁肥的施用

(1)作基肥、追肥:做基肥要在耕地前与其他化肥或有机肥混合撒施或掺细土后单独撒施。做追肥要早施,采用沟施或对水冲施。硫酸镁的适宜用量为150～195kg/亩,折纯镁为15～22.5kg/亩;一次施足后,可隔几茬作物再施,不必每季作物都施。

(2)叶面喷施:在作物生长前期、中期进行叶面喷施。不同作物及同一作物的不同生育时期要求喷施的浓度往往不同,一般硫酸镁水溶液喷施浓度为:果树为0.5%～1.0%,蔬菜为0.2%～0.5%,大田作物如水稻、棉花、玉米为0.3%～0.8%,镁肥溶液喷施量为每亩50～150kg。

(3)镁肥施用注意事项:首先镁肥要用于缺镁的土壤。一般认为高度淋溶的土壤,pH值<6.5的酸性土壤,有机质含量低,阳离子代换量低,保肥性能差的土壤易缺镁。另外,因施肥不合理,长期过量施用氮肥、钾肥、钙肥的土壤,也会因离子间的拮抗而出现缺镁。镁肥要用于需镁较多的作物,需镁较多的作物,一是经济作物,如果树、蔬菜、棉花和叶用

经济作物如桑树、茶树、烟草等；二是豆科作物大豆、花生等。施用镁肥要根据土壤酸碱度选用镁肥品种，对中性及碱性土壤，宜选用速效的生理酸性镁肥，如硫酸镁，对酸性土壤，宜选用缓效性的镁肥，如白云石、氧化镁等。

三、硫肥

(一) 硫肥的种类及性质

硫的主要营养功能是在蛋白质合成和代谢、电子传递中有重要作用。缺硫植株蛋白质合成受阻导致失绿症，其外观症状与缺氮很相似，缺硫症状往往先出现于幼叶，而缺氮先发生在老叶。缺硫新叶失绿黄化，茎细弱，根细长而不分枝，开花结实推迟，果实减少。十字花科作物对缺硫十分敏感，四季萝卜常作为鉴定土壤硫营养状况的指示植物。豆科植物对缺硫敏感，苜蓿缺硫叶呈淡黄绿色，小叶比正常叶更直立，茎变红，分枝少，大豆缺硫新叶呈淡黄绿色，严重时整株黄化，植株矮小。小麦缺硫新叶脉间黄化，老叶仍保持绿色，缺硫使植物体内蛋白质含量降低，因此，降低了面粉的烘烤质量。

硫肥的主要品种有硫酸钙、硫酸铵、硫酸镁和硫酸钾，施用硫肥能够直接供应硫素营养，由于硫肥还含有其他成分，故还能提供钙、镁等其他营养元素（表3-13）。

表3-13 主要含硫肥料及性质

肥料名称	主要成分	含S量(%)
石膏	$CaSO_4 \cdot 2H_2O$	18.6
硫黄	S	95～99
硫酸铵	$(NH_4)_2SO_4$	24.2
硫酸钾	K_2SO_4	17.6
硫酸镁（水镁矾）	Mg_2SO_4	13
硫硝酸铵	$(NH_4)_2SO_4 \cdot 2NH_4NO_3$	12.1
普通过磷酸钙	$Ca(H_2PO_4)_2 \cdot H_2O_4, CaSO_4$	13.9
青矾（硫酸铁）	$FeSO_4 \cdot 7H_2O$	11.5

(二) 硫肥的施用

常用的硫肥品种可作基肥、追肥和种肥。一般因作物种类、土壤类型、施肥目的不同，硫肥施用数量、施用方法和施肥时期而异。作物在临近生殖生长期时是需硫高峰，因此，硫肥应该在生殖生长期之前施用，作为基肥施用较好，如在作物生长过程中发现缺硫，可以用硫酸铵等速效性硫肥作追肥或喷施。施用量应根据土壤缺硫程度和作物需求量来确定，一般缺硫土壤施22.5～45kg/亩,硫可以满足当季作物硫的需要，还可以施过磷酸钙300kg/亩或硫酸铵10kg,也可以施石膏粉150kg/亩或硫黄粉30kg/亩。硫肥可单独施用，也可以和氮、磷、钾等肥料混合，结合耕地施入土壤。

第五节 微量元素肥料

微量元素肥料:指作物正常生长发育所必需的微量元素,通过工业加工过程制成的,在农业生产中作为肥料施用的化工产品,简称微肥。20世纪50~60年代以施用有机肥为主、化肥为辅的情况下,微量元素缺乏并不突出,随着大量元素肥料施用量增加,作物产量大幅提高,加之有机肥投入比重下降,土壤缺乏微量元素状况随之加剧,但不同土壤质地、不同作物对微量元素的需求存在差异,应根据土壤微量元素有效含量确定丰缺情况,做到缺素补素。一般情况下,在土壤微量元素有效含量低时易产生缺素症,所补给的微量元素才能达到增产效果。

一、铁肥

(一) 铁肥的种类与性质

铁是叶绿素合成所必需的,缺铁时叶绿体结构被破坏,导致叶绿素不能形成。铁参与体内氧化还原反应和电子传递。铁还参与植物呼吸作用。对铁敏感的作物有豆类、高粱、甜菜、菠菜、番茄、苹果、柑橘、桃树等。一般情况下,禾本科和其他一些农作物很少见到缺铁现象,而果树缺铁较为普遍。植物缺铁总是从幼叶开始,典型的症状是在叶片的叶脉间和细胞网状组织中出现失绿现象,在叶片上往往明显可见叶脉深绿而脉间黄化,黄绿相间相当明显,严重缺铁时叶片上出现坏死斑点,叶片逐渐枯死,缺铁时根系还可能出现有机酸的积累。铁在植物体内移动性很小,植物缺铁常在幼叶上表现出失绿症。

铁肥的主要品种包括硫酸亚铁、硫酸亚铁铵及螯合态铁等。硫酸亚铁($FeSO_4*7H_2O$),含铁19%~20%,易溶于水,浅蓝绿色细结晶。硫酸亚铁铵{$(NH_4)_2SO_4*FeSO_4*6H_2O$},含铁14%,呈淡青色结晶,溶于水。螯合态铁FeEDTA,含铁5%~14%,易溶于水(表3-14)。

表3-14 常用铁肥品种、成分和性质

品种	分子式	含铁量(%)	溶解性
硫酸亚铁	$FeSO_4·7H_2O$	19	易溶
硫酸亚铁铵	$(NH_4)_2SO_4·FeSO_4·6H_2O$	14	易溶
螯合态铁	FeEDTA	14	易溶

(二) 铁肥的施用

(1)基施:生产上最常用的铁肥是硫酸亚铁,可以用5~10kg硫酸亚铁与200kg有机肥混合后施到果树下,可以克服果树缺铁失绿症。

(2)叶面喷施:叶面喷施硫酸亚铁可避免土壤对铁的固定。一般喷施浓度为0.2%~0.5%,每隔7天左右一次,连续2~3次。若在铁肥溶液中加配尿素和柠檬酸,则会取得良好的效果,先在50kg水中加入25g柠檬酸,溶解后加入125g硫酸亚铁,待硫酸亚铁溶解后再加入50g尿素,即配成0.25%硫酸亚铁+0.05%柠檬酸+0.1%尿素的复合铁肥。对于根外追肥不方便的果树还可以将0.75%的硫酸亚铁溶液注入树干或固体硫酸亚铁埋藏于树干中,每株1~2g。

二、铜肥

(一)铜肥的种类与性质

铜参与植物体内氧化还原反应,铜构成铜蛋白并参与光合作用,铜是超氧化物歧化酶(SOD)的重要组份,铜参与氮素代谢,影响固氮作用,铜能够促进花器官的发育。不同作物对铜的反应不同,单子叶植物对铜比较敏感,麦类作物最敏感,双子叶植物敏感性较差。缺铜明显特征是花的颜色发生退色现象。禾谷类作物表现为植株丛生,顶端逐渐变白,症状从叶尖开始,严重时不抽穗,或穗萎缩变形,结实率降低或籽粒不饱满、不结实。果树表现为顶梢叶片呈叶蔟状,叶和果实退色,严重时顶梢枯死,并向下发展。

用做铜肥的有硫酸铜、碱式硫酸铜、硫铁矿渣等。常用的为硫酸铜,有效铜含量35%,蓝色结晶,易溶于水(表3-15)。

表3-15 常用铜肥品种、成分和性质

品种	分子式	含铜量(%)	溶解性
硫酸铜	$CuSO_4 \cdot 5H_2O$	25~35	易溶
碱式硫酸铜	$CuSO_4 \cdot Cu(OH)_2$	15~53	难溶
氧化亚铜	Cu_2O	89	难溶

(二)铜肥的施用

硫酸铜可做基肥、种肥和根外追肥。多用做种肥和根外追肥。除硫酸铜其他品种只能做基肥。施用铜肥只有在确诊为缺铜的情况下方可应用。

(1)基肥:硫酸铜做基肥,一般用量15~30kg/亩,每隔3~5年施用一次。

(2)种肥:硫酸铜做种肥,每1kg种子用1~2g拌种或用浓度为0.01%~0.5%的溶液浸种。

(3)根外追肥:叶面喷施浓度为0.02%~0.04%硫酸铜溶液。可在硫酸铜溶液中加入少量熟石灰,以避免药害。

三、锰肥

(一)锰肥的种类和性质

锰直接参与光合作用,是维持叶绿体结构所必需的元素,锰调节酶的活性,锰促进种子萌发和幼苗生长。不同作物或同一种作物的不同品种对锰的敏感程度不同。燕麦、小麦、豌豆、菜豆、菠菜、甜菜、苹果、桃树、山莓、草莓是对锰敏感的作物,而大麦、水稻、三叶草、苜蓿、白菜、花椰菜、马铃薯、番茄对锰中度敏感,玉米、黑麦、牧草对锰敏感性很低。植物缺锰时一般幼小到中等叶龄的叶片最易出现症状,在单子叶植物中锰的移动性高于双子叶植物,所以,禾谷类作物缺锰症状常出现在老叶上。缺锰典型症状是燕麦"灰斑病"、豌豆"杂斑病"、棉花和菜豆"皱叶病"。植物缺锰的症状有早期和后期两个阶段。在早期缺锰阶段,叶片的主脉和侧脉附近为深绿色、呈带状,叶脉间则为浅绿色。到了中期叶片的主脉和侧脉附近的带状区变成暗绿色,叶脉间为浅绿色的失绿区,并且逐渐扩大。到后期严重缺锰的阶段,叶脉间的失绿区变成灰绿到灰白色,叶片薄,枝条有顶枯现象,长势很弱。果树缺锰时一般是叶脉间失绿黄化。禾本科植物则出现与叶脉平行的失绿条纹,条纹呈浅绿色,逐渐变成灰绿色、灰白色、褐色和红色。

常用的锰肥有硫酸锰、氯化锰、碳酸锰、氧化锰、含锰的玻璃肥料及含锰的工业废渣等。硫酸锰含锰量为24%~28%,为粉红色晶体,易溶于水。氯化锰有效锰含量17%,浅红色结晶,易溶于水(表3-16)。

表3-16 常用锰肥品种、成分和性质

品种	分子式	含锰量(%)	溶解性
硫酸锰	$MnSO_4 \cdot 7H_2O$	24~28	易溶
氯化锰	$MnCl_2$	17	易溶
碳酸锰	$MnCO_3$	31	易溶
氧化锰	MnO	41~68	稍溶
含锰玻璃肥料	$MnCO_3$	10~25	难溶
含锰工业矿渣	总锰	9	难溶

(二)锰肥的施用

锰肥可做基肥、种肥或根外追肥。但主要用于种子处理和根外追肥。

(1)基肥:难溶性锰肥如含锰的工业废渣一般用做基肥,每公顷用量75~100kg。硫酸锰一般每公顷用15~37.5kg,与生理酸性化肥或农家肥混合条施或穴施。

(2)浸种:用浓度为0.05%~0.1%的硫酸锰溶液,浸种8小时,晾干后播种。

(3)拌种:每1kg种子用4~8g硫酸锰,先用少量水溶解后再拌种,晾干后播种。

(4)根外追肥:一般用0.1%~0.2%的硫酸锰溶液每亩50~75kg,果树为0.3%~0.4%,在苗期至生长盛期叶面喷施2~3次。

四、锌肥

(一) 锌肥的种类与性质

锌是某些酶的组分或活化剂,参与生长素的代谢,参与光合作用中CO_2的水合作用,促进蛋白质的代谢,促进生殖器官发育和提高抗逆性。植物对锌的敏感程度因作物种类不同而有差异,对锌敏感作物有玉米、水稻、甜菜、大豆、菜豆、柑橘、梨、桃、番茄等,其中,以玉米和水稻最为为敏感,通常可作为判断土壤有效锌丰缺的指示植物。多年生果树对锌也比较敏感,缺锌对果实品质影响很大。果树缺锌时表现为叶片狭小,丛生呈簇状,芽孢形成减少,树皮显得粗糙易碎。典型症状是果树"小叶病"、"繁叶病"。

锌肥的主要品种有:硫酸锌、氯化锌、碳酸锌、硝酸锌、氧化锌、硫化锌、螯合态锌、含锌复合肥、含锌混合肥和含锌玻璃肥料等。其中以硫酸锌和氯化锌为最常用,氧化锌次之。硫酸锌($ZnSO_4 \cdot 7H_2O$)含锌23%,白色针状结晶或粉状结晶,易溶于水,水溶液的pH值接近中性,易吸湿,是目前最常用的锌肥,适用于各种施用方法。氧化锌(ZnO)含锌量78%,白色或淡黄色非晶性粉末,不溶于水。在空气中能缓慢吸收二氧化碳和水,生成碳酸锌,由于溶解度小,移动性差,故肥效长,施用一次,可长期有效,但供当季作物吸收的锌少,常配成悬浮液蘸根施用(表3-17)。

表3-17 常用锌肥品种、成分和性质

品种	分子式	含锌量(%)	溶解性
硫酸锌	$ZnSO_4 \cdot 7H_2O$,$ZnSO_4 \cdot H_2O$	23	易溶
氧化锌	ZnO	78	难溶
碱式硫酸锌	$ZnSO_4 \cdot 4(OH)_2$	55	可溶
氯化锌	$ZnCl_2$	48	易溶
碳酸锌	$ZnCO_4$	52	难溶
锌螯合物	$Na_2ZnEDTA$	12~14	易溶

(二) 锌肥的施用

水溶性锌肥既可做基肥,又可做追肥或根外追肥,拌种或浸种,而非水溶性锌肥一般只适合作基肥。

(1)基肥:锌肥做基肥一般每亩用量为硫酸锌1~2kg。由于用量较少,锌肥可与有机肥料或生理酸性肥料混合施用,但不宜与磷肥混施。锌在土壤中不易移动,应施在种子附近,但不能直接接触种子。对于缺锌土壤,锌肥不仅对当季作物有效,而且还有后效,一般2~3年施用1次即可。

(2)追肥:追施可将锌肥直接施入土壤,一般硫酸锌每亩用量1~2kg。最好集中施用,条施或穴施在根系附近,以利于根系吸收,提高锌肥的利用率。

(3)种肥:常将硫酸锌用于拌种,每1kg种子加2~3g,用少量水溶解,喷在种子上,边喷边拌,用水量为以能拌匀种子为宜,晾干后即可播种。浸种是用浓度为0.02%~0.05%硫酸锌溶液,浸种8~10小时,捞出晾干播种。蘸根是在移栽定植时,将植物根部在1%的氧化锌悬浮液中蘸一下再栽植。

(4)叶面喷施:用0.1%~0.2%硫酸锌溶液叶面喷施,连续喷2~3次,每次间隔7~10天。

五、硼肥

(一)硼肥的种类与性质

硼能够促进植物体内碳水化合物的运输和代谢,促进半纤维素及细胞壁物质的合成,促进细胞伸长和细胞分裂,促进生殖器官的建成和发育,调节酚的代谢和木质化作用,提高豆科作物根瘤固氮能力等。需硼较多的作物有油菜、甜菜、苜蓿、三叶草、白菜、大豆、花椰菜、萝卜、芹菜、莴笋、向日葵、茉莉花、苹果、桃等。植物缺硼的主要症状是茎尖生长点生长受抑制,严重时枯萎,甚至死亡。老叶叶片变厚变脆畸形,枝条节间短,出现木栓化现象。根的生长发育明显受阻,根短粗兼有褐色。生殖器官发育受阻,结实率低,果实小、畸形,导致种子和果实减产,严重时有可能绝收。对硼敏感的作物常会出现许多典型的症状,如甜菜的"腐心病"、油菜的"花而不实"、棉花的"蕾而不花"、花椰菜的"褐心病"、小麦的"穗而不实"、芹菜的"茎折病"、苹果的"缩果病"等。缺硼不仅影响产量而且明显影响品质。

硼肥种类很多,常用的硼肥有硼砂,硼酸,硼镁肥,硼镁磷肥。硼砂含硼11%左右,为无色透明结晶或白色粉末,溶于水。硼酸含硼17%,无色透明结晶或白色粉末,易溶于水。硼镁肥是制取硼砂的残渣,灰色或灰白色粉末,所含硼主要是硼酸形态,能溶于水,含硼1%左右,含镁20%~30%。硼镁磷肥含硼0.6%左右,含镁10%~15%,含有效磷6%左右,是一种含大、中量元素(磷、镁)和微量元素(硼)的复合肥料。另外,还有含硼石膏、含硼黏土、含硼过磷酸钙、含硼过硝酸钙、含硼碳酸钙。硼泥含硼量约2%,是生产硼肥时的下脚料,可直接施入田间。农家肥中草木灰、厩肥中也含有一定量的硼(表3-18)。

表3-18　常用硼肥品种、成分和性质

品种	分子式	含硼量(%)	溶解性
硼砂	$Na_2B_4O_7 \cdot 10H_2O$	11	溶于40℃热水中
硼酸	$HaBO_3$	17	易溶
硼泥		2.4(总BO_3)	部分溶

(二)硼肥的施用

(1)基肥:硼肥的施用方法与土壤硼含量有关。当土壤严重缺硼时,一般采用基施效果好。一般每公顷施用7.5~11.25kg硼砂,与干细土或有机肥混匀后开沟条施或穴施,或与氮、磷、钾等肥料配合使用,也可单独施用。一定要施得均匀,不宜深翻或撒施。用量不能过大,每公顷硼砂用量超过37.5kg时,会降低出苗率,甚至死苗减产。不要使硼肥直接接触种子或幼苗,以免影响发芽、出苗和幼苗幼根生长。

(2)浸种:浸种宜用硼砂或硼酸溶液,先用40℃的水将硼砂溶解,再用冷水稀释成0.01%~0.03%水溶液,将种子倒入溶液中,浸泡6~8小时,种液比为1:1,捞出晾干后即可播种。

(3)叶面喷施:轻度缺硼的土壤通常采用根外追肥的方法。喷施浓度为0.1%~0.25%硼砂或硼酸溶液,用量为每公顷750~1125kg水溶液,不同作物适宜的喷施时期不同,一般喷施2~3次。

六、钼肥

(一)钼肥的种类与性质

钼是硝酸还原酶和固氮酶的组成成分,能够促进植物体内有机含磷化合物的合成,参与体内光合作用和呼吸作用,促进繁殖器官的建成。不同作物对钼肥的需求及对钼肥的效应差别很大,豆科作物、豆科绿肥和豆科牧草施用钼肥效果很好,十字花科对钼也较敏感,玉米、柑橘、烟草、马铃薯等在严重缺钼土壤上施钼也有较好的效果。缺钼的共同特征是植株矮小、生长缓慢,叶片失绿,且有大小不一的黄色或橙黄色斑点,严重缺钼时叶片萎蔫,有时叶片扭曲成杯状,老叶变厚、焦枯,以致死亡。十字花科的花椰菜缺钼最典型的症状是叶片明显缩小,呈不规则状的畸形叶,或形成鞭尾状叶,通常称为"鞭尾病"或"鞭尾现象"。

钼肥主要品种有钼酸钠、钼酸铵等。钼酸铵是青白或黄白色晶体,易溶于水,含钼量为50%~54%。钼酸钠为青白色晶体,易溶于水,含钼量为35%~39%(表3-19)。

表3-19 常用钼肥品种、成分和性质

品种	分子式	含钼量(%)	溶解性
钼酸铵	$(NH_4)_6Mo7O_{24}\cdot4H_2O$	54	易溶
钼酸钠	$Na2MoO_4\cdot2H_2O$	36	易溶
三氧化钼	MoO_3	66	难溶
含钼矿渣		10	难溶

(二)钼肥的施用

钼肥可做基肥、种肥和根外追肥。由于钼肥是作物需要量最少的微量元素,且价格昂贵,所以钼肥用量应尽量减少,一般做根外追肥、浸种和拌种。并且由于用量少,难于施匀,应少做基肥。

(1)基肥:钼肥可以单独使用,也可和其他化肥和有机肥混合施用,最好与磷肥配合施用。如果单独使用,可拌干细土10kg,搅拌均匀后施用,或撒施翻耕入土,或开沟条施或穴施，钼酸铵、钼酸钠每公顷用量750~1500g。

（2）拌种：每1kg种子用1~2g钼酸铵，先用少量热水溶解再用水配成0.2%~0.3%的溶液，喷施在种子上，边喷施边搅拌，但喷液不能过多，以免种皮起皱，造成烂种，拌好后将种子阴干后既可播种。

（3）浸种：一般用0.05%~0.1%钼酸铵溶液，浸种12小时。

（4）根外追肥：将钼酸铵（钠）先用约50℃的水溶解，然后配成0.02%~0.05%的溶液，在苗期和花期喷施1~2次。每次每公顷喷施溶液750~1125kg。

第六节 复合肥料

复合肥料：在一定的工艺条件下，经过化学反应而制成的，含有氮磷钾中两种或两种以上元素，具有固定的养分含量和配比的肥料，它们的养分含量和配比决定于生产过程中的化学反应及化合物的分子式化学组成。常见的复合肥料种类主要包括磷酸二铵、磷酸一铵、磷酸二氢钾、硝酸钾和硝酸磷肥等。

复合肥料的主要优点：一是含有两种或两种以上的作物需要的元素，养分含量高，能比较均衡和长时间地供应作物需要的养分，提高施肥增产效果；二是这类复合肥一般为颗粒状，吸湿小，不结块，具有一定的抗压强度和粒度，物理性状好，可以改善某些单质肥料的不良性状，便于贮存，施用方便，特别是利于机械化施肥；三是这类肥料既可以做基肥和追肥、又可以做种肥，适用的范围比较广；四是肥料副成分少，在土壤中不残留有害成分，对土壤性质基本不会产生不良影响。

复合肥料主要缺点：氮磷钾养分比例相对固定，不能适用于各种土壤和各种作物对养分的需求，所以，在复合肥料施用的过程中一般要配合单质肥料的施用，才能满足各类作物在不同生育阶段对养分种类、数量的要求，达到作物高产对养分的平衡需求；其次是复合肥料所含养分同时施用，有的养分可能与作物最大需肥时期不相吻合，易流失，难以满足作物某一时期对某一养分的特殊要求，不能发挥本身所含各养分的最佳施用效果。

一、磷酸一铵、磷酸二铵

（一）磷酸一铵、磷酸二铵的性质

磷酸一铵、磷酸二铵中含有氮、磷两种养分，属于氮磷二元型复合肥料，是我国发展最快、用量最大的复合肥料。

磷酸一铵：又称磷酸铵。含磷60%左右，含氮12%左右，灰白色或淡黄色颗粒，不易吸湿，不易结块，易溶于水，化学性质呈酸性。是以含磷为主的高浓度速效氮磷复合肥。

磷酸二铵:简称二铵。含磷46%左右,含氮18%左右,白色结晶体,吸湿性小,稍结块,易溶于水,制成颗粒状产品后不易吸湿、不易结块。化学性质呈碱性。是以含磷为主的高浓度速效氮磷复合肥(表3-20、表3-21、表3-22)。

表3-20　传统法颗粒状磷酸一铵和磷酸二铵的技术指标

(单位:%)						
项目	磷酸一铵			磷酸二铵		
	优 等 品 12-52-0	一 等 品 11-49-0	合 格 品 10-46-0	优 等 品 18-46-0	一 等 品 15-42-0	合格品13-38-0
总养分($N+P_2O_5$)≥	64.0	60.0	56.0	64.0	57.0	51.0
有效磷(以P_2O_5计)≥	11.0	10.0	9.0	17.0	14.0	12.0
水溶性磷占有效磷百分率≥	51.0	48.0	45.0	45.0	41.0	37.0
水分(H_2O)≤	2.0	2.0	2.5	2.0	2.0	2.5
粒度(1.00～4.00mm颗粒)≥	90	80	80	90	80	80

表3-21　料浆法颗粒状磷酸一铵和磷酸二铵的技术指标

(单位:%)					
项目	料浆法磷酸一铵			料浆法磷酸二铵	
	优 等 品 11-47-0	一 等 品 11-44-0	合 格 品 10-42-0	一 等 品 15-42-0	合格品13-38-0
总养分($N+P_2O_5$)≥	58.0	55.0	52.0	57.0	51.0
总氮(N)≥	10.0	10.0	9.0	14.0	12.0
有效磷(以P_2O_5计)≥	46.0	43.0	41.0	41.0	37.0
水溶性磷占有效磷百分率≥	80	75	70	75	70
水分(H_2O)≤	2.0	2.0	2.5	2.0	2.5
粒度(1.00～4.00mm颗粒)≥	90	80	80	80	80

表3-22　粉状磷酸一铵的技术指标

(单位:%)					
项目	Ⅰ类			Ⅱ类	
	优 等 品 9-49-0	一 等 品 8-47-0	合 格 品 11-47-0	一 等 品 11-44-0	合格品10-42-0
总养分($N+P_2O_5$)≥	58.0	55.0	58.0	55.0	52.0
总氮(N)≥	8.0	7.0	10.0	10.0	9.0
有效磷(以P_2O_5计)≥	48.0	46.0	46.0	43.0	41.0
水溶性磷占有效磷百分率≥	90	85	80	75	70
水分(H_2O)≤	4.0	5.0	3.0	4.0	5.0

(二) 磷酸一铵、磷酸二铵的鉴别

(1)看外观:磷酸二铵均为颗粒状,多数磷酸一铵为颗粒,部分国产磷酸一铵为粉末状。

(2)看颜色:磷酸一铵和磷酸二铵成灰色、灰白色或灰褐色,也有的磷酸二铵为浅黄色。

(3)观察溶解性:磷酸一铵和磷酸二铵很容易全部溶解于水。

(4)测量pH值:利用pH试纸测试磷酸一铵或磷酸二铵溶液pH值,磷酸一铵溶液的pH试纸呈红色,溶液呈酸性;磷酸二铵溶液的pH试纸呈蓝色,溶液呈碱性。

(5)观察铁片灼烧:将铁片烧红后,取少量的磷酸一铵和磷酸二铵放于其上,能观察到磷酸铵颗粒变小,并放出刺激性的氨味。

(三) 磷酸一铵、磷酸二铵的施用与贮存

磷酸一铵、磷酸二铵是以磷为主的高浓度速效氮、磷复合肥。它不仅适用于各种类型的作物,而且适宜于各种类型的土壤条件,特别是在碱性土壤和缺磷比较严重的地方,增产效果十分明显。可以做基肥,也可做追肥或种肥。

1.做基肥、追肥。最适合于做基肥,一般公顷用量在225~375kg。对于高产作物而言,还可适当提高用量。通常在整地前结合耕地,将肥料施入土壤。也可在播种后,开沟施入。

2.做种肥。磷酸二铵作种肥时,通常是在播种时将种子与肥料分别播入土壤,不能与种子直接接触。每公顷用量一般控制在37.5~75kg。

3.施用注意事项。应注意以下几点:①不能将磷酸二铵与碱性肥料混合施用,否则会造成氮的挥发,同时还会降低磷的肥放;②已经施用过磷酸二铵的作物,在生长的中、后期,一般只补适量的氮肥,不再需要补施磷肥;③除豆科作物外,大多数作物直接施用时需配施氮肥,调整氮磷比。

4.贮存。磷酸一铵、磷酸二铵在贮存和运输过程中,应防雨、防潮、防晒、防破裂。

二、磷酸二氢钾

(一) 磷酸二氢钾的性质

磷酸二氢钾含磷52%、含钾34%左右。纯品为白色或灰白色结晶体,物理性状好,吸湿性小,易溶于水,水溶液呈酸性,为高浓度速效磷钾二元型复合肥料。执行标准如表3-23所示。

表3-23　农业用磷酸二氢钾的技术指标

项目	农业	
	一等品	合格品
磷酸二氢钾（KH_2PO_4以干基计）含量≥	96.0	92.0
水分≤	4.0	5.0
pH值	4.3~4.7	
氧化钾（K_2O以于基计）含量	33.2	31.8

（二）磷酸二氢钾的鉴别

（1）看形状：一般为结晶体或粉末。

（2）看颜色：多呈现白色、浅黄色或灰白色。

（3）观察溶解性：观察磷酸二氢钾的溶解情况，磷酸二氢钾完全溶解于水，没有沉淀，并且溶解的速度很快。

（4）检查溶液的酸碱性：利用pH试纸检查磷酸二氢钾水溶液的酸碱性，能够发现pH试纸变红，说明溶液呈现酸性。

（5）观察灼烧时的火焰颜色：能够发现钾离子的特有紫色火焰。

（6）观察铁片上燃烧现象：磷酸二氢钾的吸湿性很小，化学性质稳定，不容易分解，在铁片上燃烧没有反应。

（三）磷酸二氢钾的施用与贮存

（1）做根外追肥：由于磷酸二氢钾价格比较昂贵，目前，多用于作物根外追肥，特别是用于果树、蔬菜，通常都会取得良好的增产效果。应根据作物和生长时期确定喷施浓度，一般叶面喷施浓度0.1%～0.2%，喷施2～3次，间隔7天左右。对于大田作物，一般小麦在拔节期至孕穗期，棉花在开花期前后喷施。

（2）做种肥：磷酸二氢钾也可用做种肥，在播种前将种子在浓度为0.2%的磷酸二氢钾水溶液中浸泡12～18小时，捞出晾干即可播种。

（3）施用注意事项：磷酸二氢钾用于追肥，通常是采用叶面喷施的办法进行，叶面喷施是一种辅助性的施肥措施，必须在作物前期施足基肥，中期用好追肥的基础上，及时喷施。

（4）贮存：磷酸二氢钾在贮存和运输过程中应避免雨淋，仓库应清洁、阴凉、干燥。

三、硝酸钾

（一）硝酸钾的性质

含N13%，含K_2O44%，N：K_2O为1：3.4，白色晶体，吸湿性小，不易结块，易溶于水，不含副成分。生理反应和化学反应均为中性。为不含氯的氮钾二元复合肥料。也是含钾为主的高浓复肥品种之一。农业用硝酸钾执行标准如表3-24所示。

表3-24 硝酸钾的主要技术指标

（单位：%）			
项目	优等品	一等品	合格品
氧化钾（K_2O）的质量分数≥	46.0	44.5	44.0
总氮（N）的质量分数≥	13.5		
氯离子（Cl^-）的质量分数≤	0.2	1.2	1.5
游离水（H_2O）的质量分数≤	0.5	1.2	2.0

(二) 硝酸钾的鉴别

(1)看形状：硝酸钾为结晶体。

(2)看颜色：硝酸钾呈白色。

(3)观察溶解性：观察硝酸钾的溶解情况，硝酸钾能完全溶解于水。

(4)观察灼烧火焰的颜色：将少许硝酸钾放在酒精灯上燃烧，可发出紫色火焰。

(三) 硝酸钾的施用与贮存

(1)做基肥和追肥：硝酸钾适用于各种作物，特别适用于烟草、葡萄、马铃薯、甘薯、茄果类蔬菜等经济作物。适于做基肥和追肥，最为适宜做追肥，一般每公顷用量150～225kg。

(2)浸种：一般可采用浓度为0.2%的硝酸钾水溶液浸种和拌种。

(3)根外追肥：一般可采用浓度为0.6%～1.0%的硝酸钾溶液进行根外追肥。

(4)施用注意事项：施用时要注意配合氮、磷化肥，以提高肥效。由于硝态氮易于淋失，更适于在旱地施用。

(5)贮存：硝酸钾应贮存在阴凉、干燥处，在运输过程中应防潮、防晒、防破裂。硝酸钾属于易燃易爆品，不得与有机物、还原剂及易燃品等物质混运混贮。

四、硝酸磷肥

(一) 硝酸磷肥的性质

硝酸磷肥含氮26%、含磷11%左右，为浅灰白色颗粒。中性，吸湿性强，宜结块。硝酸磷肥是用硝酸分解磷矿粉，再用氨来中和多余的酸加工制成的氮磷两元肥料。硝酸磷肥的主要有效成分是硝酸铵、磷酸铵和磷酸二钙，既含有硝态氮又含有铵态氮，兼含有水溶性磷和枸溶性磷。硝酸磷肥执行国家推荐性标准如表3-25所示。

表3-25 硝酸磷肥的技术指标

项目	指标		
	优等品	一等品	合格品
总氮(N)含量≥,%	27.0	26.0	25.0
有效磷(以P_2O_5计)含量≥,%	13.5	11.0	10.0
水溶性磷占有效磷百分率≥,%	70	55	40
水分(游离水)≤,%	0.6	1.0	1.2
粒度(1.00~4.00mm颗粒)≥,%	95	85	80
颗粒平均抗压碎力(2.00~2.80mm),N≥	50	40	30

(二)硝酸磷肥的鉴别

(1)看肥料形状:硝酸磷肥为颗粒状。

(2)看颜色:硝酸磷肥呈灰色、灰白色或乳白色。

(3)观察溶解性:观察硝酸磷肥的溶解性,发现肥料部分溶解于水,部分沉淀于杯底。

(4)测量pH值:利用广泛试纸测量硝酸磷肥溶液的pH值,试纸变红,说明硝酸磷肥的水溶性呈酸性。

(5)观察铁片上燃烧现象:将少量硝酸磷肥放在已经烧红的铁片上灼烧,能闻到刺激性氨气味和棕色烟雾。

(6)观察吸湿性:在空气湿度大时,将肥料放置白瓷碗底一晚上或放在手心握一会儿,能够观察到肥料的表面已经"化了"。

(三)硝酸磷肥的施用与贮存

(1)做基肥和追肥:硝酸磷肥适于多种土壤和多种作物,尤其适用于缺氮又缺磷的土壤,适宜用作基肥和追肥,进行条施,但要深施。一般每公顷用量225~450kg。

(2)做种肥:做种肥每公顷75~150kg,但不能与种子直接接触。

(3)施用注意事项:硝酸磷肥含硝态氮,容易随水流失,水田作物上应尽量避免施用该肥料。

(4)贮存:硝酸磷肥的运输和贮存过程中,应防雨、防潮、防晒、方破裂。硝酸磷肥含有硝酸根,容易助燃和爆炸,在储存、运输和施用时应远离火源,如果肥料出现结块现象,应用木棍将其粉碎,不能使用铁锹拍打,以防爆炸伤人。

第七节 复混肥料、掺混肥料

一、复混肥料、掺混肥料的特点

(一) 复混肥料的特点

复混肥料:将几种单元素肥料或是二元素肥料经过物理加工方法,形成的含有多种元素的肥料。这种肥料在加工过程中不以发生化学反应为主,而是简单地通过胶结剂使不同种类的单质肥料结合在一起。复混肥料是当前肥料行业发展最快的肥料品种,实行强制性的生产许可证管理制度。执行标准如表3-26所示。

表3-26 复混肥料的主要技术指标

项目		指标		
		高浓度	中浓度	低浓度
总氮养分(N+P$_2$O$_5$+K$_2$O)的质量分数 ^{a}/%≥		40.0	30.0	25.0
水溶性磷占有效磷百分率 ^{b}/%≥		60	50	40
水分(H$_2$O)的质量分数 ^{c}/%≤		2.0	2.5	5.0
粒度(1.00～4.75mm 或 3.35～5.60mm)^d/%≥		90	90	90
氯离子的质量分数 e/%≤	未标"含氯"的产品≤	3.0		
	标志"含氯(低氯)"的产品≤	15.0		
	标志"含氯(中氯)"的产品≤	30.0		

a组成产品的单一含量不得低于4.0%。且单一养分测定值与标明值负偏差的绝对值不得大于1.5%。
b以钙镁磷肥等枸溶性磷肥为基础磷肥并在包装容器上注明为"枸溶性磷","水溶性磷占有效磷百分率"项目不做检验和判定;若为氮、钾二元肥料,"水溶性磷占有效磷百分率"项目不做检验和判定。
c水分为出厂检验项目。
d特殊形状或更大颗粒(粉状除外)产品的粒度由供需双方协议确定。
e氯离子的质量分数大于30.0%的产品,应在包装袋上标明"含氯(高氯)",标志"含氯(高氯)"的产品氯离子的质量分数可不做检验和判定。

(1)养分全面、含量高:含有两种或两种以上的营养元素,能比较均衡地、长时间地同时供给作物所需要的多种养分,并充分发挥营养元素之间的相互促进作用,提高施肥的效果。复混肥料的化学成分虽不及复合肥料均一,但同一种复合肥的养分比是固定不变的,而复混肥料可以根据不同类型土壤的养分状况和作物的需肥特征,配制成系列专用肥,产品的养分比例多样化,针对性强,可以根据需要选择和施用,从而避免某些养分的浪费,提高肥料的增产效果。肥料利用率和经济效益都比较高。

(2)复混肥料物理性能好,便于施用:复混肥料颗粒一般比较坚实、无尘,粒度大小均匀,吸湿性小,便于贮存和施用,既适合于机械化施肥,同时,也便于人工撒施,减轻施肥劳力。

(3)复混肥料养分齐全,可促进土壤养分平衡:农民习惯上施用单质肥,特别是偏施氮肥,很少施用钾肥,极易导致土壤养分不平衡。

(4)复混肥料有利于施肥技术的普及:测土配方施肥是一项技术性强、要求高而又面广量大的工作,如何把这项技术送到千家万户,一直是难以解决的问题。尽管土肥技术部门通过测土可向农民提供配方,但由农民自己购买单质肥料进行混配费工费力,又受肥料供应条件的限制,难以大面积推广。将配方施肥技术通过专用复混肥这一物化载体,可以真正做到技物结合,从而可以大大加速配方施肥技术的推广应用。

(5)复混肥料存在的缺点:一是所含养分同时施用,有的养分可能与作物最大需肥时期不相吻合,易流失,难以满足作物某一时期对养分的特殊要求;二是养分比例固定的复混肥料,难以同时满足各类土壤和各种作物的要求。

(二)掺混肥料的特点

掺混肥料:氮、磷、钾3种养分中,至少有两种养分标明量的由于混方法制成的颗粒状肥料,也称BB肥。执行标准如表3-27所示。

表3-27 掺混肥料的主要技术指标

项目	指标
总氮养分($N+P_2O_5+K_2O$)的质量分数[a]/%≥	35
水溶性磷占有效磷百分率[b]/%≥	60
水分(H_2O)的质量分数/%≤	2.0
粒度(2.00~4.00mm)/%≥	70
氯离子的质量分数[c]/%≤	3.0
中量元素单一养分的质量(以单质计)[d]/%≥	2.0
微量元素单一养分的质量(以单质计)[e]/%≥	0.02
a组成产品的单一含量不得低于4.0%。且单一养分测定值与标明值负偏差的绝对值不得大于1.5%。 b以钙镁磷肥等枸溶性磷肥为基础磷肥并在包装容器上注明为"枸溶性磷",可不控制"水溶性磷占有效磷百分率"指标。若为氮、钾二元肥料,也不控制"水溶性磷占有效磷百分率"指标。 c包装容器上标明"含氯"时不检测本项目。 d包装容器上标明含有钙、镁、硫时检验本项目。 e包装容器上标明含有铜、铁、锰、锌、硼、钼时检验本项目。	

(1)掺混肥料是根据作物养分需求规律、土壤养分供应特点和平衡施肥原理:经过机械均匀掺混而成的复混肥料,是科学平衡施肥的理想载体。可根据作物养分需求和不同土壤的养分供应特点等,设计可灵活调整的配方,符合化肥专用化的发展趋势。

(2)掺混肥料养分浓度可高达50%以上:符合化肥高浓度化的发展趋势;BB肥可添加中微量元素,农药,除草剂等,符合化肥多功能化的发展趋势。

(3)掺混肥料因含测土配方施肥技术:易于开展农化服务,可满足农化服务水平提升的要求。

(4)掺混肥料具有省时省工、真假易辨等优点:农民从肥料中能明显地看到氮、磷、钾的肥料颗粒,不易因造假而受到损失。

(5)掺混肥料生产成本和使用成本低:生产过程中无化学反应,可满足化肥发展节能环保的需求。

(6)掺混肥料的主要缺点:一是易吸潮、结块,掺混肥料中的氮素都是以颗粒尿素为主,含尿素的掺混肥料因其吸水性而容易结块;二是易于发生分离,掺混肥料原料比重不一,颗粒大小不一,易于离析分层,尤其是运输搬运过程中分层,导致使用各元素的不均衡,从而影响施肥效果与作物的产品质量。

二、复混肥料的分类

(一) 根据营养元素种类划分

(1)二元复混肥料:含有氮、磷、钾3种元素中的两种元素,根据农作物需肥规律合理匹配,复混后加工成的商品肥料。如氮磷复混肥、氮钾复混肥、磷钾复混肥。

(2)三元复混肥料:含有氮、磷、钾3种元素,根据农作物需肥规律合理匹配,复混后加工成的商品肥料。通常以专用型的三元复混肥施用效果最好。

(二) 根据氮磷钾养分总含量划分

复混肥中的氮磷钾比例一般氮以纯氮(N)、磷以五氧化二磷(P_2O_5)、钾以氧化钾(K_2O)为标准计算,例如,氮∶磷∶钾=15∶15∶15,表明在复混肥中纯氮含量占总物料量的15%,五氧化二磷占15%,氧化钾占15%,氮、磷、钾总含量占总物料的45%。根据总养分含量可分为3种不同浓度的复混肥。

(1)高浓度复混肥料:氮、磷、钾养分总含量大于等于40%。一般生产过程中总含量为45%的占多数。高浓度复混肥的特点是养分含量高,适宜机械化施肥。但由于高浓度复混肥养分含量高,用量少,采用人工撒施不容易达到施肥均匀。高浓度复合肥中氮、磷、钾占的比例大,一些中、微量元素含量低,长期施用会造成土壤中,中、微量元素含量的不足。

(2)中浓度复混肥料:氮、磷、钾养分总含量在30%~40%。中浓度复混肥是对高浓度和低浓度复混肥的调节,它的施用量介于两者之间,一般的播种机稍加改造就可以将所需肥料数量施足,而且可以达到均匀程度,还含有相当数量的钙、镁、硫等中量元素。一般在果树和蔬菜上施用中浓度复混肥比较普遍。

(3)低浓度复混肥料:氮、磷、钾养分总含量在25%~30%。低浓度复混肥养分含量低,施用量大,采用一次性播种施肥复式作业时不容易将肥料全部施入土壤中,人工撒施劳动量也比施高浓度复混肥要多。它的优点是由于用量大,施起来容易均匀。低浓度复混肥生产原料选择面比较宽,可选用硫酸铵、普钙等用以增加复混肥中量元素钙、镁、硫的含量。一般低浓度复混肥适宜在蔬菜和瓜类作物上应用。

(三) 根据复混肥的成分和添加物划分

(1)无机复混肥料:原料完全是化学肥料,用尿素、硫铵、重钙、磷酸铵、氯化钾等按照一定比例,经混合造粒,生成二元复混肥、三元复混肥和各种专用复混肥。

(2)有机–无机复混肥料:以无机原料为基础,增加有机物为填充物所形成的复混肥。这些有机–无机复混肥的生产一般是以无机肥料为主要原料,填充物采用烘干鸡粪等有机物增加肥料中的有机物质。有机无机复混肥的基本特点是速效养分含量能够满足作物当季生长的要求,同时又向土壤补充了部分有机肥料,可以起到培肥地力的作用,也向土壤提供了部分有机的缓效养分。

三、复混肥料的鉴别

1.看包装标志。看包装是否标明产品名称、生产许可证号、肥料登记证号、执行标准号、养分总含量及养分配合式、使用方法、净重、生产企业名称、地址、联系方式等,包装袋内是否有产品合格证,标志不全就有可能是伪劣产品。要注意的是复混肥料的总养分含量是氮、磷、钾含量之和,其他元素的含量不能计入总养分含量。

2.看形态外观。复混肥料的形状多为颗粒状,也有的为条状或片状,颜色多为灰色、灰白色、杂色、彩色等。用手抓半把复混肥搓揉,手上留有一层灰白色粉末并有黏着感的为质量优良,若碾碎其颗粒,可见细小白色晶体的表明为质量优良。劣质复混肥多为灰黑色粉末,无黏着感,颗粒内无白色晶体。

3.闻气味。复混肥料一般无异味,如有异味是伪劣复混肥。

4.看溶解性。优质复混肥水溶性好,在水中大部分能溶解,即使有少量沉淀物,也较细小。而劣质复混肥难溶于水,沉淀粗糙坚硬。

5.看燃烧情况。取少量复混肥置于铁皮上,放在火上烧灼,有氨味说明含有氮,出现黄色火焰说明含有钾,且氨味越浓,黄色火焰越黄,表明氮、钾含量越高,即为优质复混肥。反之则为劣质复混肥。

四、复混肥料的施用与贮存

(一) 施用方式

复混肥料一般用做基肥和追肥,不能用做种肥和叶面追肥,以防止烧苗现象发生。

(1)复混肥料适宜做基肥:做基肥可以深施,有利于中后期作物根系对养分的吸收。复混肥料含有氮、磷、钾3种营养元素,做基肥可满足作物中后期对磷、钾养分的最大需要。做基肥还可以克服中后期追施磷、钾肥的困难。

（2）原则上不提倡用三元复混肥料做追肥：做追肥会导致磷、钾资源的浪费，因为磷、钾肥施在土壤表面很难发挥作用，当季利用率不高。如果基肥中没有施用复混肥料，在出苗后也可适当追施，但最好要开沟施用，并且施后要覆土。

（3）原则上高浓度复混肥料不能做种肥：因为高浓度肥料与种子混在一起容易烧苗。如果一定要做种肥，必须做到肥料与种子分开，以免烧苗。

（4）复混肥料作冲施肥：对于多次采收的蔬菜，每次采收后冲施复混肥料可以补充适当的养分，应选用氮钾含量高、全水溶性的复混肥，一般大棚的土壤速效磷含量极高，没有必要用三元复混肥料做冲施肥。

（二）肥料品种

不同复混肥料养分含量和配比不同，不同作物需肥规律也不相同，要根据作物种类选择适当的复混肥料。

（三）施肥量

由于复混肥料含有相当数量的磷、钾及副成分，施肥量较单一氮肥大，一般大田作物施用每亩50kg左右，经济作物施用每亩100kg左右。

（四）施肥时期

为使复混肥料中的磷、钾（尤其是磷）充分发挥作用，作基肥施用要尽早。一年生作物可结合耕耙施用，多年生作物（如果树）则较多集中在冬春施用。若将复混肥料作追肥，也要早期施用，或与单一氮肥一起施用。

（五）施肥深度

施肥深度对肥效的影响很大，应将肥料施于作物根系分布的土层，使耕作层下部土壤的养分得到较多补充，以促进平衡供肥。随着作物的生长，根系将不断向下部土壤伸展，早期作物以吸收上部耕层养分为主，中晚期从下层吸收较多。因此，对集中做基肥施用的复混肥分层施肥处理，较一层施用可提高肥效。

（六）施用注意事项

（1）包装上注明"含氯"或"含Cl"字样的复混肥料："忌氯"作物和盐碱地应尽量少用。未注明"含氯"或"含Cl"字样的复混肥料，产品中不含氯化铵和氯化钾，产品的售价较高，适合施用于经济效益较高或忌氯的作物上，盐碱地应用效果较好。

（2）包装上注明"枸溶性磷"：说明产品中水溶性磷的含量很低，适合施用在酸性土壤上。没有标明"枸溶性磷"，说明产品中水溶性磷的含量较高，适合施用于大多数土壤和作物。

（3）包装上注明"含硝态氮"的：不适合施用在水田土壤上。没有标明"含硝态氮"的适合施用于水田和旱地作物上。

(七) 贮存

复混肥料应贮存于阴凉干燥处,贮存和运输过程中应防潮、防晒、防破裂。

第八节 水溶肥料

水溶肥料:经水溶解或稀释,用于灌溉施肥、叶面施肥、无土栽培、浸种蘸根等用途的液体或固体肥料。

水溶肥料是一种速效性化肥,它的基本特征是水溶性好,可以完全溶解于水中,能被作物的根系和叶面直接吸收利用。水溶肥料属于新型肥料,这类肥料的"新"不完全在于它的"水溶性好"和"全速效性"方面,而在于它的应用功能开发,包括应用途径、施用方法和纯度、剂型等方面。科学的开发和推广水溶肥是满足现代集约化农业种植生产标准化的需要,是保证农产品高产优质高效的需要,是精确化管理水资源和养分资源的需要。随着对粮食和农产品产量及品质的需求不断提高,水溶肥料作为新型环保肥料由于使用方便,可和喷灌、滴灌结合使用,并可喷施、冲施,在提高肥料利用率、节约农业用水、减少生态环境污染、改善作物品质以及减少劳动力等方面起着重要的作用。

一、水溶肥料的特点

1.施肥效率高。采用水、肥同施,以水带肥,实现了水肥一体化,施肥效率高,可以减少施肥总量,肥水协同效应,使肥和水的利用率都明显提高。

2.针对性强。水溶肥料可根据土壤养分丰缺状况、土壤供肥水平以及作物对营养元素的需求来确定肥料的种类,及时补充作物缺少的养分,减轻或消除作物的缺素症状。

3.吸收快。由于水溶肥料直施用在作物叶面或根部,各种营养物质可直接进入植物体内,直接参与作物的新陈代谢和有机物质的合成,其速度和效果都比土壤施肥的作用来得快,可解决高产作物快速生长期的营养需求。

4.营养全面。水溶肥料的成分特点是大量元素与微量元素相结合,所以,种植业生产中微量元素的供应可以通过水溶肥来实现的。

5.效果好。形成作物产量的干物质主要来自光合作用的产物,作物进行叶面施肥后,叶片吸收了大量的养分,促进了作物体各种生理过程,显著提高光合作用强度,有效促进作物有机物质的积累,提高坐果率和结实率,增加产量,改善品质。

6.用量省。叶面喷施由于喷施在叶面上,不直接与土壤接触,避免了养分在土壤中的固定、失效或淋溶损失。采用叶面喷施,通常用量极少,浓度很低,养分吸收后,直接被输送到作物生长最旺盛的部位,养分利用率高。

水溶肥料存在许多优点,但也存在缺点。水溶肥料价格普遍较高,不利于普及。水溶肥料速效性强,难以在土壤中长期保存,施肥量需要严格控制,使用稍多,容易发生烧苗,造成肥料流失,既降低施肥的经济效益,还会造成土壤盐分积累、水环境的污染。

二、水溶肥料主要类型

水溶肥料主要有大量元素水溶肥料,微量元素水溶肥料,含腐殖酸水溶肥料,含氨基酸水溶肥料等。

1.大量元素水溶肥料。以大量元素氮、磷、钾为主要成分的,添加适量中量元素或微量元素的液体或固体水溶肥料。大量元素水溶肥料中汞、砷、镉、铅、铬限量指标应符合要求(表3-28、表3-29、表3-30、表3-31)。

表3-28 大量元素水溶肥料(中量元素型)固体产品技术指标

项目	指标
大量元素含量[a],%	≥50.0
中量元素含量[b],%	≥1.0
水不溶物含量,%	≤5.0
pH值(1:250倍稀释)	3.0～9.0
水分(H_2O),%	≤3.0

a大量元素含量指总 N、P_2O_5、K_2O 含量之和。产品至少包括两种大量元素。单一大量元素含量不低于4.0%。
b中量元素含量指钙、镁元素含量之和。产品应至少包含一种中量元素。含量不低于0.1%的单一中量元素均应计入中量元素含量中。

表3-29 大量元素水溶肥料(中量元素型)液体产品技术指标

项目	指标
大量元素含量[a],g/L	≥500
中量元素含量[b],g/L	≥10
水不溶物含量,g/L	≤50
pH值(1:250倍稀释)	3.0～9.0

a大量元素含量指总 N、P_2O_5、K_2O 含量之和。产品至少包括两种大量元素。单一大量元素含量不低于40g/L。
b中量元素含量指钙、镁元素含量之和。产品应至少包含一种中量元素。含量不低于1g/L的单一中量元素均应计入中量元素含量中。

表3-30 大量元素水溶肥料(微量元素型)固体产品技术指标

项目	指标
大量元素含量[a],%	≥50.0
微量元素含量[b],%	0.2～3.0
水不溶物含量,%	≤5.0

pH值(1∶250倍稀释)	3.0～9.0
水分(H₂O),%	≤3.0

a 大量元素含量指总 N、P₂O₅、K₂O 含量之和。产品至少包括两种大量元素。单一大量元素含量不低于4.0%。
b 微量元素含量指铜、铁、锰、锌、硼、钼元素含量之和。产品应至少包含一种微量元素,含量不低于0.05%的单一微量元素均应计入微量元素含量中。钼元素含量不高于0.5%。

表3-31　大量元素水溶肥料(微量元素型)液体产品技术指标

项目	指标
大量元素含量ᵃ,g/L	≥500
微量元素含量ᵇ,g/L	2～30
水不溶物含量,g/L	≤50
pH值(1∶250倍稀释)	3.0～9.0

a 大量元素含量指总 N、P2O5、K2O 含量之和。产品至少包括两种大量元素。单一大量元素含量不低于40g/L。
b 微量元素含量指铜、铁、锰、锌、硼、钼元素含量之和。产品应至少包含一种微量元素,含量不低于0.5g/L的单一微量元素均应计入微量元素含量中。钼元素含量不高于5g/L。

2.微量元素水溶肥料。由铜、铁、锰、锌、硼、钼微量元素按所需比例制成的或单一微量元素制成的液体或固体水溶肥料。微量元素水溶肥料中汞、砷、镉、铅、铬限量指标应符合要求(表3-32、表3-33)。

表3-32　微量元素水溶肥料固体产品技术指标

项目	指标
微量元素含量ᵃ,%	≥10.0
水不溶物含量,%	≤5.0
pH值(1∶250倍稀释)	3.0～9.0
水分(H₂O),%	≤6.0

a 微量元素含量指铜、铁、锰、锌、硼、钼元素含量之和。产品中应至少包含一种微量元素。含量不低于0.05%的单一微量元素均应计入微量元素含量中。钼元素含量不高于1.0%(单质含钼微量元素产品除外)。

表3-33　微量元素水溶肥料液体产品技术指标

项目	指标
微量元素含量ᵃ,g/L	≥100
水不溶物含量,g/L	≤50
pH值(1∶250倍稀释),g/L	3.0～10.0

a 微量元素含量指铜、铁、锰、锌、硼、钼元素含量之和。产品中应至少包含一种微量元素。含量不低于0.5g/L的单一微量元素均应计入微量元素含量中。钼元素含量不高于10g/L(单质含钼微量元素产品除外)。

3.含腐植酸水溶肥料。以适合植物生长所需比例的矿物源腐植酸、添加适量氮、磷、钾大量元素或铜、铁、锰、锌、硼、钼微量元素而制成的液体或固体水溶肥料。含腐植酸水溶肥料中汞、砷、镉、铅、铬限量指标应符合要求(表3-34、表3-35、表3-36)。

表3-34 含腐植酸水溶肥料(大量元素型)固体产品技术指标

项目	指标
腐植酸含量,%	≥3.0
大量元素含量a,%	≥20.0
水不溶物含量,%	≤5.0
pH值(1:250倍稀释)	4.0～10.0
水分(H_2O),%	≤5.0
a大量元素含量指总N、P_2O_5、K_2O含量之和。产品应至少包含两种大量元素。单一大量元素含量不低于2.0%。	

表3-35 含腐植酸水溶肥料(大量元素型)液体产品技术指标

项目	指标
腐植酸含量,g/L	≥30
大量元素含量[a],g/L	≥200
水不溶物含量,g/L	≤50
pH值(1:250倍稀释)	4.0～10.0
a大量元素含量指总N、P_2O_5、K_2O含量之和,产品应至少包含两种大量元素,单一大量元素含量不低于20g/L。	

表3-36 含腐植酸水溶肥料(微量元素型)产品技术指标

项目	指标
腐植酸含量,%	≥3.0
微量元素含量[a],%	≥6.0
水不溶物含量,%	≤5.0
pH值(1:250倍稀释)	4.0～10.0
水分(H_2O),%	≤5.0
a微量元素含量指铜、铁、锰、锌、硼、钼元素含量之和。产品应至少包含一种微量元素,含量不低于0.05%的单一微量元素均应计入微量元素含量中。钼元素含量不高于0.5%。	

4.含氨基酸水溶肥料。以游离氨基酸为主体的,按适合植物生长所需比例,添加以适量的钙、镁中量元素或铜、铁、锰、锌、硼、钼微量元素而制成的液体或固体水溶肥料。含氨基酸水溶肥料中汞、砷、镉、铅、铬限量指标应符合要求(表3-37、表3-38、表3-39、表3-40)。

表3-37　含氨基酸水溶肥料(中量元素型)固体产品技术指标

项目	指标
游离氨基酸含量,%	≥10.0
中量元素含量^a,%	≥3.0
水不溶物含量,%	≤5.0
pH值(1:250倍稀释)	3.0～9.0
水分(H₂O),%	≤4.0

a中量元素含量指钙、镁元素含量之和。产品中应至少包含一种中量元素。含量不低于0.1%的单一中量元素均应计入中量元素含量中。

表3-38　含氨基酸水溶肥料(中量元素型)液体产品技术指标

项目	指标
游离氨基酸含量,g/L	≥100
中量元素含量^a,g/L	≥30
水不溶物含量,g/L	≤50
pH值(1:250倍稀释)	3.0～9.0

a中量元素含量指钙、镁元素含量之和。产品中应至少包含一种中量元素。含量不低于1g/L的单一中量元素均应计入中量元素含量中。

表3-39　含氨基酸水溶肥料(微量元素型)固体产品技术指标

项目	指标
游离氨基酸含量,%	≥10.0
微量元素含量^a,%	≥2.0
水不溶物含量,%	≤5.0
pH值(1:250倍稀释)	3.0～9.0
水分(H₂O),%	≤4.0

a微量元素含量指铜、铁、锰、锌、硼、钼元素含量之和。产品中应至少包含一种微量元素。含量不低于0.05%的单一微量元素均应计入微量元素含量中。钼元素含量不高于0.5%。

表3-40　含氨基酸水溶肥料(微量元素型)液体产品技术指标

项目	指标
游离氨基酸含量,g/L	≥100
微量元素含量^a,g/L	≥20
水不溶物含量,g/L	≤50
pH值(1:250倍稀释)	3.0～9.0

a微量元素含量指铜、铁、锰、锌、硼、钼元素含量之和。产品中应至少包含一种微量元素。含量不低于0.5g/L的单一微量元素均应计入微量元素含量中。钼元素含量不高于5g/L。

5.农林保水剂。用于改善植物根系或种子周围土壤水分性状的土壤调理剂。农林保水剂中汞、砷、镉、铅、铬限量指标应符合要求(表3-41)。

表3-41 农林保水剂技术指标

项目	指标
吸水倍数,g/g	100~700
吸盐水(0.9%NaCl)倍数,g/g	≥30
水分含量(H₂O)含量,%	≤8
pH值(1:1000倍稀释)	6.0~8.0
粒度(≤18mm或0.18~2.00mm或2.00~4.75mm),%	≥90

6.水溶肥料汞、砷、镉、铅、铬的限量要求。水溶肥料汞、砷、镉、铅、铬元素限量指标,执行标准如表3-42所示。

表3-42 水溶肥料汞、砷、镉、铅、铬的限量要求(单位:mg/kg)

项目	指标
汞(Hg)(以元素计)	≤5
砷(As)(以元素计)	≤10
镉(Cd)(以元素计)	≤10
铅(Pb)(以元素计)	≤50
铬(Cr)(以元素计)	≤50

三、水溶肥料的鉴别

1.看外包装标志。看是否规范标志了产品名称、有效成分名称和含量、生产企业和生产地址、肥料的登记证号、执行标准号、净重、生产日期、适用作物、使用方法等,首先从外观上进行简易识别。

2.看溶解情况。把一小袋水溶性肥料和1kg左右的水混合,看溶解情况。若全部溶解没有沉淀,说明产品质量较好,有效养分高,养分易于被作物吸收。若不能完全溶解有沉淀,说明该产品水不溶物含量高,在喷施时易堵塞喷雾器喷头,并且还会造成作物对养分的利用率不高。

3.看剂型和干燥度。水溶肥料有固体和液体水溶肥两种类型,一般固体优于液体。固体又分颗粒状和粉状两种,颗粒状的要优于粉状的。因为颗粒状经过特殊工艺加工而成,具有施用方便、干燥程度高以及易于保存等优点。

4.看是否有沉淀物。不要选择液体肥料中有太多沉淀的产品,这样的肥料产品一般存放时间较长,在喷施时易堵喷嘴,并且养分利用率降低。

四、水溶肥料的施用与贮存

1.肥料品种。应根据土壤状况、作物需肥规律选择肥料类型。一般在基肥不足的情况下,可以选用大量元素水溶肥料或含腐植酸水溶肥料(大量元素型);在基肥施用充足、微量元素不足的情况下,可以选用微量元素水溶肥料、含氨基酸水溶肥料、含腐植酸的水溶肥料(微量元素型)。

2.施用方法。水溶肥的施用方法与一般化肥不尽相同,一般都是与灌水相结合,通过不同灌溉方式将肥料和灌溉水一体化施到根周围土壤或作物叶面。根据灌水方式的不同,施肥又可分为喷施、冲施、滴灌、喷灌、无土栽培等。固态水溶肥的施用,需先溶解并配成混合溶液,再进行灌施或喷施。液体水溶肥需装备管道、贮罐、施肥机等配套设备,肥料很易溶入灌溉水中,既可喷灌和滴灌,也可对水稀释后直接作叶面肥喷施。

(1)叶面喷施:叶面喷施是指把水溶肥料先行稀释溶解于水中喷施于作物叶面,通过叶面气孔进入植株内部,可以极大地提高肥料吸收利用效率。水溶肥料多用于叶面喷施,为提高喷肥的效果,选择合适的喷施时间和部位非常重要。一般选择在9:00~11:00时和15:00~17:00时喷施。喷施部位应选择幼嫩叶片和叶片背面,一般7~10天一次,连续3次。此外喷施应避免阴雨、低温或高温暴晒,喷后遇雨要重新喷施。要随配随用,不能久存,长时间存放产生沉淀,会降低肥料有效性。

(2)灌溉施肥:通过土壤浇水或者在灌溉的时候,先行将水溶肥料混合在灌溉水中,这样可以让植物根部全面地接触到肥料,通过根的呼吸作物把化学营养元素运输到植株的各个组织中。

3.施用浓度。要掌握好施用浓度,浓度过低施用效果不明显,浓度过高会对作物产生危害,并且造成浪费。应根据产品使用说明书、肥料类型、作物种类、作物生长发育情况确定施用浓度。一般情况下喷施浓度可选择稀释800~1000倍液。

4.施用时期。根据不同作物,选择关键的生长时期施用,以达到最佳效果。

5.水溶肥料的贮存。产品应贮存于阴凉干燥处,运输过程中应防压、防晒、防渗、防破裂。

第九节 微生物肥料

微生物肥料指含有特定微生物活体的制品,应用于农业生产,通过其中所含微生物的生命活动,增加植物养分的供应量或促进植物生长,提高产量,改善农产品品质及农业生态环境。

一、微生物肥料的特点

1.增加土壤肥力。这是微生物肥料的主要功效。如各种自生、联合、共生的同氮微生物肥料,可以增加土壤中的氮素来源,多种解磷、解钾微生物的应用,可以将土壤中难溶的磷、钾分解出来为作物吸收利用,从而改善作物生长的土壤环境中营养元素的供应状况,同时增加土壤中有机质含量,提高土壤肥力。

2.制造和协助农作物吸收营养。微生物肥料中最重要的品种之一是根瘤菌肥,通过生物固氮作用,将空气中氮气转化成氨,进而转化成植物能吸收利用的氮素化合物。VA菌根是一种土壤真菌,可以与多种植物根共生,其菌丝伸长可以吸收更多的营养(如磷、锌、铜、钙等)供给植物吸收利用。许多用作微生物肥料的微生物还可以产生大量的植物生长激素,能够刺激和调节作物生长,改善营养状况。

3.增强作物抗病和抗旱能力。有些微生物肥料的菌种接种后,在作物根部大量生长繁殖,成为作物根际的优势菌。抑制或减少病原菌微生物的作用,减轻作物病害,VA菌根真菌的菌丝还能增加水分吸收,提高作物的抗旱能力。

4.适量减少化肥用量。施用微生物肥料,能够适量减少化肥用量。另外与化学肥料相比,微生物肥料生产所消耗的能源要少,生产成本降低,且微生物肥料用量相对减少,有利于生态环境造保护。

二、微生物肥料的主要类别

微生物肥料的主要类别有农用微生物菌剂,复合微生物肥料,生物有机肥。

1.农用微生物菌剂。农用微生物菌剂是指目标微生物(有效菌)经过工业化生产扩繁后加工制成的活菌制剂。它具有直接或间接改良土壤、恢复地力、维持根际微生物区系平衡,降解有毒有害物质等作用;应用于农业生产,通过其中所含微生物的生命活动,增加植物养分的供应量或促进植物生长、改善农产品品质及农业生态环境。执行标准如表3-43、表3-44、表3-45所示。

表3-43 农用微生物菌剂产品的技术指标

项目	剂型		
	液体	粉剂	颗粒
有效活菌数(cfu)[a],亿/g(mL)≥	2.0	2.0	1.0
真菌杂菌数,个/g(mL)≤	3.0×10^6	3.0×10^6	3.0×10^6
杂菌率,%≤	10.0	20.0	30.0
水分,%≤	—	35.0	20.0
细度,%≥	—	80	80
pH值	5.0～8.0	5.5～8.5	5.5～8.5
保质期[b],月≥	3	6	

a复合菌剂,每种有效菌的数量不得少于0.01亿/g或0.01亿/mL;以单一的胶质芽孢杆菌制成的粉剂产品中有效活菌数不少于1.2亿/g。

b此项仅在监督部门或双方认为有必要时检测。

表3-44 有机物料腐熟剂产品的技术指标

项目	剂型		
	液体	粉剂	颗粒
有效活菌数(cfu)ª,亿/g(mL)≥	1.0	0.50	0.50
纤维素酶活ª,U/g(mL)≤	30.0	30.0	30.0
蛋白酶活ᵇ,U/g(mL)≤	15.0	15.0	15.0
水分,%≤	—	35.0	20.0
细度,%≥		70	70
pH值	5.0～8.5	5.5～8.5	5.5～8.5
保质期ᶜ,月≥	3	6	

a以农作物秸秆类为腐熟对象测定纤维素酶活。

b以畜禽粪便类为腐熟对象测定蛋白酶活。

c此项仅在监督部门或仲裁双方认为有必要时检测。

表3-45 农用微生物菌剂产品的无害化技术指标

参数	标准极限
粪大肠菌群数,个/g(mL)≤	100
蛔虫卵死亡率,%≥	95
砷及其化合物(以As计),mg/kg≤	75
镉及其化合物(以Cd计),mg/kg≤	10
铅及其化合物(以Pb计),mg/kg≤	100
铬及其化合物(以Cr计),mg/kg≤	150
汞及其化合物(以Hg计),mg/kg≤	5

产品按剂型可分为液体、粉剂、颗粒型;按内含的微生物种类或功能特性可分为根瘤菌菌剂、固氮菌菌剂、解磷类微生物菌剂、硅酸盐微生物菌剂、光合细菌菌剂、有机物料腐熟剂、促生菌剂、菌根菌剂、生物修复菌剂等。

2.复合微生物肥料。复合微生物肥料是指特定微生物与营养物质复合而成,能提供、保持或改善植物营养,提高农产品产量或改善农产品品质的活体微生物制品。执行标准如表3-46、表3-47所示。

表3-46 复合微生物肥料产品技术指标

项目	剂型		
	液体	粉剂	颗粒
有效活菌数(cfu)[a],亿/g(mL)≥	0.50	0.20	0.20
总养分(N+P$_2$O$_5$+K$_2$O),%≥	4.0	6.0	6.0
杂菌率,%≤	15.0	30.0	30.0
水分,%≤	—	35.0	20.0
pH值	3.0~～8.0	5.0~8.0	5.0~8.0
细度,%≥		80.0	80.0
有效期[c],月≥			

a 含两种以上微生物的复合微生物肥料,每一种有效菌的数量不得少于0.01亿/g(mL)。
b 此项仅在监督部门或仲裁双方认为有必要时才检测。

表3-47 复合微生物肥料产品无害化指标

参数	标准极限
粪大肠菌群数,个/g(mL)≤	100
蛔虫卵死亡率,%≥	95
砷及其化合物(以As计),mg/kg≤	75
镉及其化合物(以Cd计),mg/kg≤	10
铅及其化合物(以Pb计),mg/kg≤	100
铬及其化合物(以Cr计),mg/kg≤	150
汞及其化合物(以Hg计),mg/kg≤	5

3.生物有机肥。生物有机肥指特定功能微生物与主要以动植物残体(如畜禽粪便、农作物秸秆等)为来源并经无害化处理、腐熟的有机物料复合而成的一类兼具微生物肥料和有机肥效应的肥料。生物有机肥产品中As、Cd、Pb、Cr、Hg含量指标应符合规定。若产品中加入无机养分,应明示产品中总养分含量,以(N+P$_2$O$_5$+K$_2$O)总量表示(表3-48)。

表3-48 生物有机肥主要技术指标

项目	剂型	
	粉剂	颗粒
有效活菌数(cfu),亿/g(mL)≥	0.20	0.20
有机质(以干基计),%≥	25.0	25.0
水分,%≤	30.0	15.0
pH值	5.5~8.5	5.5~8.5
粪大肠菌群数,个/g(mL)≤	100	

蛔虫卵死亡率,%≥	95
有效期,月≥	6

三、微生物肥料的鉴别

1.外包装标志鉴别。看是否规范标志以下内容:肥料名称、有效菌种类、含量、养分含量、执行标准、肥料登记证号、生产厂家、生产地址、生产日期、有效期、适用作物、使用方法,净重等。

2.外观鉴别。微生物肥料一般分为液体、粉剂和颗粒,粉剂产品应松散,颗粒产品应无明显机械杂质、大小均匀,具有稀释性。

3.生物有机肥和一般有机肥的简易区别。生物有机肥和一般有机肥可以根据包装不同,色泽不同,气味不同加以简单区别。生物有机肥外包装比其他有机肥要精致,外包装标注有效成分、含有效活菌数等指标。生物有机肥在有益微生物作用下,发酵腐熟充分,外观呈褐色或黑褐色,色泽比较单一,而一般有机肥因生产操作不同,产品颜色各异。生物有机肥没有异味,一般有机肥可能由于发酵不彻底,带有臭味。

四、微生物肥料的施用与贮存

微生物肥料可用做基肥、追肥,沟施或穴施,还可拌种、浸种、蘸根。生物有机肥一般做基肥、追肥。农用微生物菌剂除做基肥、种肥、追肥外,还可叶面喷施等。一般情况下微生物肥料作基肥、种肥效果优于茎叶喷施。

(一)农用微生物菌剂的施用方法

1.基肥、追肥和育苗肥。固态菌剂每公顷30kg左右与600~900kg有机肥混合均匀后使用,可做基肥、追肥和育苗肥用。

2.拌土。在作物育苗时,将固态菌剂掺入营养土中充分混匀制作营养钵,也可在果树等苗木移栽前,混入稀泥浆中蘸根。

3.拌种。播种前将种子浸入10~20倍菌剂稀释液或用稀释液喷湿,使种子与液态生物菌剂充分接触后再播种。或将种子用清水或小米汤喷湿,拌入固态菌剂充分混匀,使所有种子外覆有一层固态生物肥料时便可播种。

4.浸种。菌剂加适量水浸泡种子,捞出晾干,种子露白时播种。或将固态菌剂浸泡1~2小时后,用浸出液浸种。

5.蘸根、喷根。

(1)蘸根:液态菌剂稀释10~20倍,幼苗移栽前把根部浸入液体蘸湿后立即取出即可。

(2)喷根:当幼苗很多时,可将10~20倍稀释液喷湿幼苗根部即可。

6.灌根、冲施。按1:100的比例将菌剂稀释,搅拌均匀后灌根或冲施。

7.叶面喷施。在作物生长期内可以进行叶面追肥,把菌剂稀释500倍左右或按说明书要求的倍数稀释后,均匀喷施在叶子的背面和正面。

(二) 复合微生物肥料的施用方法

1.做基肥。固态复合微生物肥料一般每公顷施用150～300kg,和农家肥一起施入。

2.做追肥。固态复合微生物肥料一般每公顷施用150～300kg,在作物生长期间追施。

3.叶面喷施。在作物生长期内进行叶面追肥,稀释500倍左右或按说明书要求的倍数稀释后,进行叶面喷施。

(三) 生物有机肥的施用方法

1.做基肥。一般每公顷施用1500kg左右,和农家肥一起施入,经济作物和设施栽培作物根据当地种植习惯可酌情增加用量。

2.做追肥。与化肥相比,生物有机肥的营养全、肥效长,但生物有机肥的肥效比化肥要慢一点。因此,使用生物有机肥做追肥时应比化肥提前7～10天,用量可按化肥做追肥的等量投入。

(四) 微生物肥料施用注意事项

微生物肥料是生物活性肥料,施用方法比化肥、有机肥严格,有特定的施用要求,使用时要注意施用条件,严格按照产品使用说明书操作,否则难以获得良好的使用效果。施用中应注意以下几点。

1.微生物肥料对土壤条件要求相对比较严格。微生物肥料施入土壤后,需要一个适应、生长、供养、繁殖的过程,一般15天后可以发挥作用,见到效果,而且长期均衡的供给作物营养。

2.微生物肥料适宜施用时间是清晨和傍晚或无雨阴天,以避免阳光中的紫外线将微生物杀死。

3.微生物肥料应避免高温干旱条件下使用。施用微生物肥料时要注意温、湿度的变化,在高温干旱条件下,微生物生存和繁殖会受到影响,不能充分发挥其作用。要结合盖土浇水等措施,避免微生物肥料受阳光直射或因水分不足而难以发挥作用。

4.微生物肥料不能长期泡在水中。在水田里施用应干湿灌溉,促进生物菌活动,由好气性微生物为主的产品,则尽量不要用在水田。严重干旱的土壤会影响微生物的生长繁殖,微生物肥料适合的土壤含水量为50%～70%。

5.微生物肥料可以单独施用,也可以与其他肥料混合施用。但微生物肥料应避免与未腐熟的农家肥混用,与未腐熟的有机肥混用,会因高温杀死微生物,影响肥效。同时,也要注意避免与过酸过碱的肥料混合使用。

6.微生物肥料应避免与农药同时使用。化学农药都会不同程度地抑制微生物的生长和繁殖,甚至杀死微生物。不能用拌过杀虫剂、杀菌剂的工具装微生物肥料。

7.微生物肥料不宜久放。拆包后要及时施用,包装袋打开后,其他菌就可能侵入,使微生物菌群发生改变,影响其使用效果。

(五) 微生物肥料的贮存

微生物肥料应贮存在阴凉、干燥、通风的库房内,不得露天堆放,以防日晒雨淋,避免不良条件的影响。运输过程中有遮盖物,防止雨淋、日晒及高温。气温低于0℃时采取适当措施,以保证产品质量。轻装轻卸,避免包装破损。严禁与对微生物肥料有毒、有害的其他物品混装、混运。

第十节 有机肥料

以畜禽粪便、动植物残体和以动植物产品为原料加工的下脚料为原料,并经发酵腐熟后制成的有机肥料。执行标准如表3-49、表3-50所示。有机肥料中蛔虫卵死亡率和粪大肠菌群数指标应符合 NY 884 的要求。本标准不适用于绿肥、农家肥和其它由农民自积自造的有机粪肥。

表3-49　有机肥料的技术指标

项目	指标
有机质的质量分数(以烘干基计),%	≥45
总养分(氮+五氧化二磷+氧化钾)的质量分数(以烘干基计),%	≥5.0
水分(鲜样)的质量分数,%	≤30
酸碱度,pH	5.5～8.5

表3-50　有机肥料中重金属的限量指标

单位为毫克每千克

项目	限量指标
总砷(As)(以烘干基计)	≤15
总汞(Hg)(以烘干基计)	≤2
总铅(Pb)(以烘干基计)	≤50
总镉(Cd)(以烘干基计)	≤3
总铬(Cr)(以烘干基计)	≤150

一、有机肥料的特点

有机肥料是富含有机物质,能够提供作物生长所需养分,又能培肥改良土壤的一类肥料。过去有机肥料主要是农民就地取材、就地积造的自然肥料,所以也叫农家肥。近年来工厂化加工的有机肥料大量涌现,有机肥料已经走出农家肥的局限,形成商品有机肥料。有机肥的作用主要有以下几个方面。

(一) 提供作物所需养分

有机肥料富含作物生长所需养分,能源源不断供给作物生长。提供养分是有机肥料的最基本特征,也是其最主要的作用。同化肥比较,有机肥料显著特点有以下几个方面。

1.养分全面。不仅含有作物所需要的16种营养元素,还含有其他有益于作物生长的元素,可全面促进作物生长。

2.养分释放均匀长久。有机肥所含的养分多以有机态形式存在,通过微生物分解转变为作物可利用的形态,可缓慢释放,长久供应作物养分,比较而言化肥所含养分多为速效养分,施入土壤后肥效快但有效供应时间短。

3.养分含量低。使用时应配合化肥,以满足作物旺盛生长期对养分的大量需求。

(二) 改良土壤结构,增强土壤肥力

1.提高土壤有机质含量,更新土壤腐殖质组成,培肥土壤。施入土壤的有机肥料,在微生物作用下,分解转化成简单的化合物,同时经过生物化学的作用又重新组合成新的、更为复杂的、比较稳定的土壤特有大分子高聚有机化合物,即腐殖质,腐殖质是土壤中稳定的有机质,对土壤肥力有重要作用。

2.改善土壤物理性状。施用有机肥能够降低土壤的容重,改善土壤通气状况,使耕性变好,有机质保水能力强,比热容较大,导热性小,较易吸热,调温性好。

3.增加土壤保水保肥能力,为植物生长创造良好的土壤环境。

(三) 提高土壤的生物活性,刺激作物生长

有机肥料是微生物取得能量和养分的主要来源,施用有机肥料,有利于土壤微生物活动,促进作物生长发育。微生物的代谢产物不仅是氮、磷、钾等无机养分,还含有多种氨基酸、维生素、激素等物质,可为植物生长发育带来巨大的影响。

(四) 提高解毒作用,净化土壤环境

有机肥料能够提高土壤阳离子的代换量,增加对重金属的吸附,有效地减轻重金属离子对作物的毒害,并阻止其进入植株中。

二、有机肥料的鉴别

1.看包装标志。看是否规范标志了肥料产品名称、氮磷钾总养分含量、有机质含量、执行标准号、肥料登记证号、生产厂家、生产地址、联系电话、使用方法、生产日期、净重等。可首先通过外包装标注的以上几项是否齐全来辨别该肥料产品是否为规范、合法的肥料产品。

2.看外观。有机肥料一般为褐色或灰褐色,粒状或粉状,无木棍、砖石瓦块等机械杂质,质量较好的有机肥颗粒均匀,粉末疏松。

3.闻味道。开袋后有明显恶臭且带酸味的,说明发酵不充分,产品不合格。合格的产品应发酵充分、无臭味和酸味。

4.看水分。用手抓一把肥料握紧后松开,肥料应该不结块,有明显膨胀弹性,如果松开后肥料成团,说明水分含量明显超标。还要观察是否发霉,有机肥料的水分含量一般比其他肥料要高,但一些劣质的有机肥料由于水分太高而使得产品发霉,因此,在选购有机肥产品时不要选购已发霉的产品。

5.注意事项。有机肥料是一种比较易于加工、制作的肥料,因此有一部分规模较小的企业进行手工作坊式生产,这样的有机肥料产品质量难以得到保证。应尽量选择规模比较大、信誉比较好的生产厂家的产品。

三、有机肥料的施用与贮存

1.施用方法。有机肥料可以做基肥也可以做追肥。由于有机肥肥效长,养分释放缓慢,一般应做基肥施用,结合深耕施入土层中,有利于改良和培肥土壤。

2.施用量。有机肥施用要适量,应根据土壤肥力、作物类型和目标产量确定合理的用量,一般用量为每亩300～500kg。有机肥养分含量低,在含有多种营养元素的同时还含有多种重金属元素,过量施用也会产生危害,主要表现为烧苗、土壤养分不平衡、重金属等有害物质积累污染土壤和地下水等,也会影响农产品品质。

3.有机无机合理搭配。有机肥与化肥之间以及有机肥料品种之间应合理搭配,才能充分发挥肥料的缓效与速效结合的优点。有机肥料中虽然养分含量较全,但含量低,而且肥效慢,与速效性的化肥配合施用,可以互为补充,使作物整个生育期有足够的养分供应,而不会产生前期营养供应不足或后期脱肥现象。

4.有机肥料的贮存。有机肥料应贮存于场地平整、阴凉、通风、干燥的仓库内,防止霉变受潮。在运输过程中应防潮、防晒、防破裂。

第十一节 有机-无机复混肥料

有机-无机复混肥料:以畜禽粪便、动植物残体等富含有机质的副产品资源为主要原料,经发酵腐熟后,添加无机肥料制成的肥料。执行标准如表3-51所示。

表3-51 有机-无机复混肥料的技术指标

项目	指标
总养分(N+P$_2$O$_5$+K$_2$O)的质量分数 [a]/%≥	15.0
水分(H$_2$O)的质量分数/%≤	10.0
有机质的质量分数/%≥	20
粒度(1.00~4.75mm或3.35~5.60mm),%≥	70
酸碱度pH值	5.5~8.0
蛔虫卵死亡率,%≥	95
大肠菌值≥	10^{-1}
含氯离子(Cl$^-$)的质量分数 [b]/%	3.0
砷及其化合物(以As计),mg/kg≤	0.0050
镉及其化合物(以Cd计),mg/kg≤	0.0010
铅及其化合物(以Pb计),mg/kg≤	0.0150
铬及其化合物(以Cr计),mg/kg≤	0.0500
汞及其化合物(以Hg计),mg/kg≤	0.0005

a 标明的单一养分的质量分数不得低于2.0%,且单一养分测定值与标明值负偏差的绝对值不得大于1.0%。
b 如产品氯离子的质量分数大于3.0%,并在包装容器上标明"含氯",该项目可不做要求。

一、有机-无机复混肥料的特点

1.养分供应平衡,肥料利用率高。有机-无机复混肥既含有化肥成分又含有有机质,具有比无机肥和有机肥更全面的性能。既能实现一般无机肥的氮磷钾养分平衡,还能实现有机无机平衡。

2.改土培肥。一般无机复混肥用地而难养地,一般有机肥养地作用大而当季供肥不足。有机-无机复混肥料则兼有用地养地功能。

3.活化土壤养分。通过有机无机复混肥的化学和生物化学作用,可活化土壤中氮磷钾及中微量养分等。

4.具有生理调节作用。由于有机-无机复混肥中有机成分含有相当数量的生理活性物质,因此除具有一般的营养作用外,还具有独特的生理调节作用。

二、有机-无机复混肥料的鉴别

1.包装标志。看外包装标志是否规范标志了肥料产品名称、氮磷钾总养分含量及配比、有机质含量、执行标准、生产许可证号、肥料登记证号、生产厂家、生产地址、联系电话、使用方法、生产日期、净重等。一般可通过外包装上以上各项是否齐全来鉴别肥料是否为正规产品。

2.产品外观。有机-无机复混肥料一般为均匀的颗粒状或条状,无机械杂质,颗粒的色泽一般较深,没有明显的氨味或其他异味。如果有恶臭,则产品在生产工艺及除臭水平上没有达到有关质量标准的要求。有机-无机复混肥料比重比复混肥料小,松散,与等量复混肥料相比所占的体积要大。

3.价格因素。有机-无机复混肥料质量和价格是成正比例关系的,氮磷钾总养分含量和有机质含量均高的产品一般价格也较高,所以,在选择购买此类肥料时不能仅考虑价格便宜。

三、有机-无机复混肥料的施用与贮存

1.施用方法。一般可做基肥,也可做追肥和种肥。但做种肥,特别是在条施、点施和穴施时要避免与种子的直接接触,避免有机物的降解作用以及化肥对种子发芽产生不良影响。

2.施用量。在施用有机-无机复混肥料时必须同时考虑土壤、作物等因素。虽然有机-无机复混肥料含有一定数量有机质和氮磷钾养分,具有一定的改土培肥作用和养分释放作用,但其作用有限,因此,要注意有机肥的投入和化肥补充。要根据肥料中的有效成分含量和比例,根据土壤养分、作物种类和作物生长发育情况,确定合理用量。

3.施用注意事项。有机-无机复混肥不同于纯有机肥,它在制造的过程中添加了一些化肥,化肥中的氯离子对有些作物是有害的,在选择肥料时要注意其外包装上是否标注含氯,以免含氯肥料造成作物的减产或绝收。

4.有机-无机复混肥料的贮存。有机-无机复混肥料应贮存于阴凉干燥处,运输过程中应防潮、防晒、防破裂。

第十二节 农家肥和绿肥

一、人粪尿

1.人粪尿的性质与成分。人粪尿在有机肥料中具有养分含量高、氮多磷钾少、易腐熟、肥效快等特点。含氮1.0%、含磷0.5%、含钾0.37%左右,含有机物质20%左右,主要有纤维素、半纤维素、蛋白质及分解产物等,含灰分5%左右,主要是硅酸盐、磷酸盐、氯化物及钙、镁、钾、钠等盐类,含水分70%～80%。

2.人粪尿的施用。人粪尿适用于多种土壤与作物,特别是对叶菜类作物和纤维类作物增产效果尤为显著。人粪尿可做基肥和追肥,做基肥用量一般为每亩500～1000kg,因磷、钾含量较低,施用时应注意配合磷钾肥或其他有机肥。做追肥时,因含有无机盐较

多,施用前必须加水稀释,尤其在幼苗期施用应增加稀释倍数。

人粪尿中含有病源菌和寄生虫卵,施用前必须进行无害化处理,必须经过充分腐熟后才可施用,以免污染环境和产品。人粪尿中含有较多的氯离子,不适于盐碱地、不适于在马铃薯、甘薯、甜菜、烟草、瓜果等忌氯作物上施用,以免降低产品品质。人粪尿不能与碱性肥料混施。人粪尿每次用量不宜过多,旱地应加水稀释,施后覆土,水田应结合耕田,浅水匀泼,以免挥发和流失。

二、畜禽粪尿

1.畜禽粪尿的性质与成分。各种畜禽粪尿的成分和性质各异。

家畜粪成分复杂,主要有纤维素,半纤维素,木质素,蛋白质,氨基酸,脂肪类,有机酸,酶和无机盐类。有机质含量高,为15%~30%。其中,氮素大部分呈有机态,须经缓慢分解后才能被作物吸收,属于迟效性肥料,但腐熟后,形成的腐殖质多,阳离子交换量大,改土效果好。家畜粪中的磷素,一部分呈有机态,另一部分是无机硝酸盐,两者与其他物质共同存在,可以减少被土壤所固定,肥效较高。家畜粪中的钾素,大部分是水溶性的,肥效也较高。

家畜尿成分简单,主要有尿素,尿酸,马尿酸,钾,纳,钙,镁等无机盐类。含有较多的水溶性氮,主要形态为尿素、马尿酸及尿素态氮。家畜尿含钾量比畜粪高,钾的形态为碳酸钾和有机酸钾,呈碱性反应,能溶于水,易被作物吸收利用。

家禽粪和各种羊粪的养分含量均比家畜粪尿高,其中,氮素主要为尿素盐,分解快,发热量高,属于热性肥料,但必须经过腐熟后才能使用。

2.畜禽粪尿的施用。畜禽粪尿的施用方法与人粪尿相似,必须经过腐熟后才可施用。畜禽粪宜做基肥,撒施和集中施用均可,用量一般为每亩1000~1500kg。畜尿宜做追肥。

在施用时应根据土壤质地和作物类型选择施用,对于黏重土壤和生育期较短的作物,应选择腐熟度较高的粪肥,对于砂质土壤和生育期较长的作物,可以施用腐熟度较低的粪肥。猪粪和猪圈肥为中性肥料,适于各种土壤和作物。牛粪和牛厩肥属冷性肥料,有利于改良有机质低的轻质土壤。马粪和马厩肥属热性肥料,可用来改良质地黏重的土壤。羊粪和羊厩肥属于热性肥料,是优质有机肥,适用于各种土壤和作物。

三、厩肥

1.厩肥的成分与性质。厩肥是家畜粪尿和各种垫圈材料、饲料残渣混合堆积并经微生物作用而成的肥料,富含有机质和各种营养元素,其成分因家畜种类、饲料种类、垫料的种类和数量而不同。各种畜粪中,以羊粪的氮、磷、钾含量最高,猪、马粪次之,牛粪最低。一般来说,新鲜厩肥平均含有有机质25%、氮(N)0.5%,磷(P_2O_5)0.25%,钾(K_2O)

0.6%,此外,还含有钙、镁、硫等养分。新鲜厩肥中的养分呈有机态,含有较多的纤维素,半纤维素,碳氮比高,直接施用会与作物争氮,应经堆制腐熟后才可施用。厩肥施入土壤后氮素利用率为10%~20%,磷素利用率为30%~40%,钾素利用率为60%~70%,其肥效比化肥肥效长。

2.厩肥的施用。厩肥必须经过腐熟后才可施用,腐熟的厩肥或家畜肥可以作基肥,也可以做种肥或追肥,厩肥做基肥一般每亩4000~5000kg,撒施或集中施用均可,并应与化肥配合一起施用。另外,应根据土壤和作物选择厩肥的腐熟度,质地黏重的土壤种植蔬菜作物,应选用腐熟度高的厩肥,质地轻松的砂质土壤,可选用腐熟度低的厩肥,生育期较长的作物,可施用腐熟度低的厩肥,生育期短的作物,应选用腐熟度较高的厩肥。

四、堆肥

1.堆肥的成分与性质。堆肥是利用各种植物残体(作物秸秆、杂草、树叶、泥炭、垃圾以及其他废弃物等)为主要原料,混合人畜粪尿经堆制腐解而成的有机肥料。堆肥所含营养物质比较丰富,有机质含量高,并且肥效长而稳定,同时有利于促进土壤团粒结构的形成,能增强土壤保水、保温、透气、保肥的能力。而且与化肥混合使用可以弥补化肥所含养分单一及长期单一使用化肥使土壤板结、保水保肥性能减退的缺陷。

2.堆肥的施用。堆肥是一种含有有机质和各种营养物质的完全肥料,长期施用能够起到培肥改土的作用。堆肥必须经过腐熟后才可施用,适用于各种土壤和作物。一般用作基肥,可以结合翻地时使用,与土壤充分混匀,做到土肥融合。堆肥的用量一般为每亩1500~2500kg。在不同土壤上施用堆肥的方法不同,生育期长的作物、砂性土壤以及温暖多雨的季节和地区可施用腐熟度低的堆肥,生育期短、黏性重的土壤、雨少的季节和地区,应施用充分腐熟的堆肥。施用堆肥还应配合施用化肥。

五、沤肥

1.沤肥的成分和性质。沤肥是以作物秸秆、绿肥、青草为主要原料,掺入河泥、人畜粪尿在厌气条件下沤制、腐熟而成的肥料。沤肥的材料与堆肥差异不大,与堆肥不同的是沤肥是在淹水条件下,由微生物进行厌气分解,所以,堆制场地、技术条件、分解和腐熟过程有所不同。沤肥的养分含量因材料种类和配比不同,变幅很大,用绿肥沤制的比草皮沤制的养分含量高。

2.沤肥的施用。沤肥一般用做基肥,大多用于水田做基肥,用量为每亩2500~4000kg,也可同速效肥料混合,做追肥施用。

六、饼肥

1.饼肥的成分和性质。饼肥是油料作物的种子经炸油后剩下的残渣。主要有大豆饼、菜籽饼、花生饼、棉籽饼、麻籽饼、桐籽饼、茶籽饼等。饼肥富含氮、磷、钾,含氮较多,含磷、钾较少。不同饼肥的养分含量不尽相同,饼肥中的氮、磷多呈有机态,氮以蛋白质形态为主,磷以植素、卵磷脂为主,钾大都是水溶性的。此外,饼肥含有一定的油脂和脂肪酸化合物,吸水缓慢。所以,饼肥是一种迟效性有机肥,必须经过微生物发酵分解后才能更好地发挥肥效。

2.饼肥的施用。饼肥是一种养分丰富的有机肥料,肥效高并且持久,适用于各种土壤和作物,一般多用在蔬菜、花卉、果树等附加值高的园艺作物上。饼肥必须经过腐熟后才可施用,可做基肥和追肥。饼肥做基肥可与堆肥、厩肥混合施用,应在播种前7~10天施入土壤,旱地条施或穴施,施后与土壤混匀,不要靠近种子,以免影响种子发芽。作追肥时,要经过发酵腐熟,否则施入土壤后继续发酵产生高温易使作物根部烧伤,可在行间开沟或穴施,施后盖土。饼肥的施用量应根据土壤肥力高低和作物类型而定,土壤肥力低的和耐肥作物可适当多施,反之应适当减少用量。一般中等肥力的土壤,果菜类蔬菜用量为每亩100kg左右,大田作物为每亩50kg左右。由于饼肥为迟效性肥料,应注意配合施用适量速效性氮、磷、钾肥。

七、沼气肥

1.沼气肥的成分和性质。沼气肥是在密封的沼气池中,有机物腐解产生沼气后的副产品。包括沼气液和残渣。沼气肥的养分含量受原料种类、材料比例和水量大小的影响变异很大。沼气肥除了含有丰富的氮、磷、钾元素外,还含有硼、铜、铁、锰、锌、钙等元素以及大量的有机质、多种氨基酸和维生素等。沼气肥具有来源广、成本低、养分全、肥效长等特点,在农业生产中广泛应用。

沼气肥结构分上、中、底三层,上层水肥是沼气肥中数量最多、含有大量速效氮的高效能液体肥料,它具有见效快的优点,适用于粮食作物和蔬菜作早期追肥。施用前应先贮存于密封坑内数日。中层糊状肥的浓度高,肥力强,铵态氮的含量比较丰富,适用于粮食作物和蔬菜作中期追肥。其优点是肥分不易挥发,能较长久地释放肥力,充分供给农作物在快速生长阶段所需要的多种养分。底层沼渣肥含有大量腐殖质,适用于农作物底肥,可提高土壤保肥、蓄水能力。

2.沼气肥的施用。沼气发酵液和残渣可分别施用也可混合施用,可做基肥、追肥。一般残渣做基肥,发酵液做追肥,渣液混合物做基肥也可做追肥。渣液混合物做基肥用量每亩1600kg左右,做追肥用量每亩1200kg左右,发酵液做追肥用量每亩2000kg左右。沼气肥应深施覆土,不要浅施更不要施于地表,深施6~10cm效果最好。

沼气肥在施用中要注意以下几点:一是出池后不要立即施用。沼气肥的还原性强,出池后若立即施用,会与作物争夺土壤中的氧气,影响种子发芽和根系发育,导致作物叶片发黄、凋萎。因此,沼气肥出池后,一般先在储粪池中存放5~7天后施用,若与磷肥按10:1的比例混合堆沤5~7天后施用,效果更佳;二是沼液不能直接追施。沼液不对水直接施在作物上,尤其是用来追施幼苗,会使作物出现灼伤现象。作追肥时,要先对水,一般对水量为沼液的一半;三是不要表土撒施。宜采用穴施、沟施,然后盖土;四是不要过量施用。施用沼肥的量不能太多,一般要少于普通猪粪肥。若盲目大量施用,会导致作物徒长,行间阴蔽,造成减产。五是不能与草木灰、钙镁磷肥、石灰等碱性肥料混施,否则会造成氮肥的损失,降低肥效。

八、绿肥

(一) 绿肥的成分与性质

栽培或野生的绿色植物体作肥料用的均称作绿肥。绿肥按照来源分可分为栽培绿肥和野生绿肥,按照植物学科分可分为豆科绿肥、非豆科绿肥,按照生长季节分可分为冬季绿肥、夏季绿肥,按照生长期长短可分为一年生或越年生和多年生绿肥,按照生长环境分可分为水生绿肥、旱生绿肥和稻底绿肥。主要的绿肥种类有:紫云英、苕子、紫花苜蓿、草木樨等。

绿肥的作用主要是:一是绿肥是解决肥源的重要途径;二是绿肥是培肥土壤、改良土壤、改良生态环境的有效措施,绿肥能够增加耕层土壤养分,能够改良土壤理化性状、改良低产田,能够覆盖地面、防止水土流失、改善生态环境,还能够绿化环境、净化空气、净化污水等。

(二) 绿肥的施用

1.绿肥的施用方式。一是直接翻耕,直接翻耕以做基肥为主,翻耕前最好将绿肥切短,稍加暴晒,随后翻耕入土壤中;二是堆沤,把绿肥作为堆沤肥原料,堆沤可增加绿肥分解,提高肥效;三是作饲料,先作饲料,然后利用畜禽粪便做肥料,这种绿肥过腹还田的方式,是提高绿肥经济效益的有效途径。绿肥还可用于青饲料贮存或制成千草或干草粉。

2.绿肥的收割与翻耕时期。多年生绿肥作物一年可以刈割几次,翻耕适期应掌握在鲜草产量最高和养分含量最高时进行翻耕。一般豆科绿肥适宜翻压时间为盛花期至谢花期,禾本科绿肥最好在抽穗期翻压,十字花科绿肥最好在上花下荚期翻压,间套种绿肥作物的翻压时期应与后茬作物需肥规律相吻合。

3.绿肥的翻埋深度。一般是先将绿肥茎叶切成10~20cm,撒在地面或施在沟里,随后翻耕入土壤中,一般以耕翻入土10~20cm较好,旱地15cm,水田10~15cm,砂质土壤可深些,黏质土壤可浅些,盖土要严,翻后耙匀,并在后茬作物播种前15~30天进行。还应考虑气候、土壤、绿肥品种及其组织老嫩程度等因素。土壤水分较少、质地较轻、气温较低、植株较嫩时,耕翻易深,反之则易浅些。

4.绿肥的施用量。施用量要根据作物产量、作物种类、土壤肥力、绿肥的养分含量等确定。一般每亩1000~1500kg基本能够满足作物的需要。

5.绿肥与无机肥料配合施用。绿肥肥效长,但单一施用的情况下,往往不能及时满足全生育期对养分的需求。绿肥所提供的养分虽然比较全面,但要满足作物的全部需求也是不够的。并且大多数绿肥作物提供的养分以氮为主,因此,绿肥与化肥配合施用是必需的。

第四章 果树需肥特点与施肥技术

第一节 葡萄需肥特点与施肥技术

一、需肥特点

葡萄是落叶多年生攀缘植物。葡萄根系发达,主要分布在40～60cm深的土层。葡萄对土壤适应性很强,但以砂壤土最为适宜。

葡萄在生长发育过程中,需要氮、磷、钾、钙、硼、镁、铁、锌等多种元素。一般认为每生产1000kg葡萄果实需要吸收氮(N)3.8kg,磷(P_2O_5)2.0～2.5kg,钾(K_2O)4.0～5.0kg,氮、磷、钾的吸收比例为1:0.6:1.2,可见葡萄是一种喜钾的浆果。葡萄生长前期需要较多的氮,生长后期需要较多的磷和钾。氮能够促进枝蔓生长,叶色增绿,果实膨大,花芽分化,对提高产量有重要作用。需氮量最大时期是从萌芽展叶至开花期前后直至幼果膨大期。氮肥不足时,植株枝蔓细弱、叶色变淡、果实发育不良,产量下降,氮肥过多时,枝蔓徒长,果实着色差,香味不浓,枝条成熟晚,抗寒力降低。磷对葡萄开花、受精和坐果起着重要作用,施磷对促进浆果成熟、提高果实品质有明显效果,施磷还有助于枝蔓充实和提高葡萄的抗寒力。缺磷时,易落花,果实发育不良,产量低,抗寒力差。需磷量最大时期是幼果膨大期至浆果着色成熟期。磷的吸收量是缓慢增加的,磷在葡萄内是一种可以再利用的元素,因此葡萄吸收磷的时期越早,对葡萄生长所发挥的作用越大。钾能够促进根系生长和枝条充实,提高和增加浆果的含糖量、风味、色泽、成熟度和耐贮性。缺钾时,叶色淡,叶缘枯焦,浆果含糖低,着色不良,枝条不充实,抗逆性低。需钾量最大是幼果膨大期至浆果着色成熟期,且在整个生长期内都吸收钾,随着浆果膨大、着色直至成熟,对钾的吸收量明显增加。因此,在整个果实膨大期应增施钾肥。

二、施肥技术

葡萄年生育周期亩施肥量为商品有机肥400～500kg,氮肥(N)16～18kg、磷肥(P_2O_5)7～8kg、钾肥(K_2O)8～10kg。有机肥做基肥,氮、钾分基肥和追施,磷肥全部基施,化肥和有机肥混合施用(表4-1、表4-2)。

表4-1　葡萄推荐施肥量

（单位：kg/亩）			
肥力等级	推荐施肥量		
	纯氮	五氧化二磷	氧化钾
低肥力	17～20	8～9	10～11
中肥力	16～18	7～8	8～10
高肥力	14～16	6～8	7～9

表4-2　葡萄测土配方施肥推荐卡

（单位：kg/亩）						
基肥推荐方案						
肥力水平		低肥力		中肥力		高肥力
有机肥	商品有机肥	500～600		400～500		300～400
	或农家肥	3500～4000		3000～3500		2500～3000
氮肥	尿素	6～7		6		5～6
	或硫铵	14～16		14～16		12～14
	或碳铵	16～19		16～19		14～16
磷肥	磷酸二铵	17～20		15～17		13～17
钾肥	硫酸钾	6～7		5～6		4～5
追肥推荐方案						
施肥时期		低肥力		中肥力		高肥力
		尿素	硫酸钾	尿素	硫酸钾	尿素	硫酸钾
开花前		14～16	5～6	13～14	4～6	11～13	4～5
幼果膨大期		11～13	8～9	10～11	7～8	9～10	6～8

1.基肥。基肥以有机肥料为主,配合一定量的化肥。一般亩施商品有机肥400～450kg,尿素6kg、磷酸二铵15～17kg、硫酸钾5～6kg。基肥在秋季开沟施入效果较好。

2.追肥。葡萄追肥的次数和时期应根据葡萄生长发育情况及土壤肥力等因素确定。

开花前追肥:其主要作用是促使葡萄花芽继续分化,使芽内迅速形成第二、第三花穗。肥料以氮为主配施磷、钾。一般亩施尿素13～14kg、硫酸钾4～6kg。

幼果膨大期追肥:促使果实迅速膨大,应以氮为主,配施磷、钾。一般亩施尿素10～11kg,硫酸钾7～8kg。

果实着色初期追肥:对提高果实糖分含量,改善浆果品质,促进成熟都有良好效果。追肥以磷、钾为主添加少量氮肥,如果植株长势良好,枝叶繁茂,可以不加氮肥。

采果后追肥:主要作用是迅速恢复树势,促进同化作用和根系生长,增加树体和根系的养分贮备。此期应氮磷钾肥配合施用。此次追肥对早中熟品种的效果好,但对晚熟品种易诱发副梢,效果不佳。

3. 根外追肥。葡萄叶面喷施微量元素水溶肥料对提高产量和品质有较好的效果。开花前喷 0.2%～0.5% 的硼砂溶液能提高坐果率。坐果后到成熟前喷 0.3% 的磷酸二氢钾+0.2% 的尿素,10～15 天一次,有提高产量、增进品质的效果。坐果期与果实生长期喷施 0.05%～0.1% 硫酸锰溶液能增加浆果产量和含糖量。对缺铁失绿葡萄,重复喷施硫酸亚铁和柠檬酸铁、尿素铁等均有良好效果。当植株移栽根系尚未完全恢复时,喷施 0.2%～0.3% 尿素可提高成活率,缩短缓苗期。

第二节 苹果树需肥特点与施肥技术

一、需肥特点

苹果树是蔷薇科木本植物。苹果树对土壤适应范围广,但适宜地势平坦、土层深厚、排水良好、富含有机质的砂壤土和壤土。苹果树的根系比较发达,且根系多集中在 20cm 以下,可吸收深层土壤中的水分和养分,需注意深层土壤的改良与培肥。

一般认为每生产 1000kg 果实约吸收氮(N)3.0～3.4kg、磷(P_2O_5)0.8～1.1kg、钾(K_2O)2.1～3.2kg。苹果树对养分的需求主要是氮和钾,在保证氮肥用量的基础上,增加磷、钾肥,尤其是钾肥,可以提高果品质量。苹果树的需肥动态是,前期以氮为主,中后期以磷钾为主,对磷的吸收全年比较平稳,因此,前期以施氮肥为主,中后期以施钾肥为主,磷肥随基肥施入,以保证磷的全年供应。氮是苹果树需要量较大的营养元素之一,在一定范围内适当多施氮肥,有增加枝叶数量,增强树势和提高产量的作用。但若施用氮肥过多,则会引起树梢徒长不仅引起坐果率下降,产量降低,而且品质及耐储性均更差,容易导致苦痘病等生理病害的发生。磷、钾也是苹果树需要量较大的营养元素,磷能促进根系的生长发育,磷还能促进花芽分化,增加坐果,增进果实着色、含糖量、硬度和耐贮性,增强果树抗逆性。钾能促进光合作用,促进新梢成熟,提高抗寒、抗旱、抗高温和抗病能力,钾在果实中含量最多,能肥大果实,促进成熟,提高含糖量,增进色泽,提高品质。苹果树除大量元素外还需要中、微量元素,合理施用钙、硼、锌、铁等中、微量元素肥料对苹果树有重要作用。苹果缺钙容易发生苦痘病,生长期喷施氯化钙水浸液或硝酸钙水浸液有防治效果。施硼能提高苹果树的坐果率和产量,对防治苹果缩果病效果十分显著。缺锌典型的症状是小叶病,施锌对矫治苹果的小叶病效果显著,提高坐果率,增加产量,且能够提高叶片中的氮磷钙等的含量水平。用硫酸亚铁与尿素的混合液喷施对于苹果树缺铁失绿黄化有一定效果。

二、施肥技术

苹果树年生育周期亩施肥量为商品有机肥400~450kg,氮肥(N)17~18kg、磷肥(P_2O_5)7~8kg、钾肥(K_2O)8~10kg。有机肥做基肥,氮、钾分基肥和追施,磷肥全部基施,化肥和有机肥混合施用(表4-3、表4-4)。

表4-3　苹果树推荐施肥量

(单位:kg/亩)			
肥力等级	推荐施肥量		
	纯氮	五氧化二磷	氧化钾
低肥力	18~19	8~9	9~11
中肥力	17~18	7~8	8~10
高肥力	16~17	6~7	7~9

表4-4　苹果树测土配方施肥推荐卡

(单位:kg/亩)						
基肥推荐方案						
肥力水平		低肥力		中肥力		高肥力
有机肥	商品有机肥	500~600		400~500		300~400
	或农家肥	3500~4000		3000~3500		2500~3000
氮肥	尿素	6~7		6		5~6
	或硫铵	14~16		14		14
	或碳铵	16~19		16		16
磷肥	磷酸二铵	15~20		13~17		13~15
钾肥	硫酸钾	5~7		5~6		4~5
	或氯化钾	4~6		4~5		3~4

追肥推荐方案						
施肥时期	低肥力		中肥力		高肥力	
	尿素	硫酸钾	尿素	硫酸钾	尿素	硫酸钾
开花前	14~15	5~6	14	4~6	13~14	4~5
幼果膨大期	11~12	8~9	11	7~8	10~11	6~8

1.基肥。基肥以有机肥为主,配合适量化肥。亩施商品有机肥400~500kg,尿素6kg、磷酸二铵13~17kg、硫酸钾5~6kg。基肥宜在秋季采取环状沟或放射沟施入。

2.追肥。追肥应根据苹果树生长发育情况及土壤肥力等因素确定追肥的次数和时期。

促花肥:萌芽期至开花前(约4月份)追肥,可以促进新梢生长、提高坐果率。一般亩施尿素14~15kg,硫酸钾4~6kg。

促果肥:花芽分化期(6月中旬左右)追肥,可缓解花芽形成与幼果迅速膨大争肥的矛盾,有利于提高花芽分化数量和花芽质量,促进幼果发育和提高产量,增加含糖量,改善果品品质。一般亩施尿素10~12kg、硫酸钾7~8kg。

壮树肥:在果实已基本形成和开始着色前(8月中、下旬)追肥,可防止叶片早衰,增强叶片光合效能,促进果实着色和提高果品品质。

3. 根外追肥。一般可在开花前期喷施浓度为0.3%~0.5%的硼砂水溶液2~3次。缺钙可在盛花后喷施0.3%~0.5%的钙元素型氨基酸水溶肥料。施用锌肥对矫治苹果树的小叶病效果较为显著,可用0.3%的硫酸锌与0.3%~0.5%的尿素混合液于发病后及时喷施。缺铁可用0.3%硫酸亚铁与0.5%尿素的混合液喷施,在果树生长旺季每周喷施一次。落叶前可喷施3次0.5%的硼砂和0.5%的尿素溶液。果实膨大期可喷施0.3%~0.5%尿素和磷酸二氢钾溶液,7~10天1次。

第三节 桃树需肥特点与施肥技术

一、需肥特点

桃树是蔷薇科落叶小乔木。桃树对土壤的适应能力很强,一般土壤都能栽种,桃树的根系较浅,要求土壤应有较好的通透性,因此施肥与改土相结合对桃树优质高产非常重要。

桃树果实肥大,枝叶繁茂,生长迅速,对营养需求量高。一般认为每1000kg果实需要氮(N)5.1kg、磷(P_2O_5)2.0kg、钾(K_2O)6.6kg。在桃树的生长周期中,对氮、磷、钾的吸收动态,一般是从6月上旬开始增强,随着果实的生长,养分吸收量不断增加,到7月上旬果实膨大期养分吸收量急剧上升,尤其是钾的吸收量增加更为明显,到7月中旬三元素的吸收量达到高峰,到采收前稍有下降。桃树需钾较多,尤其是果实的吸收量最大;其次是叶片,因而满足钾素的需求,是桃树优质丰产的关键。桃树需氮量较高,并反应敏感,以叶片吸收量最大,占接近总量的一半,供应充足的氮素是保证丰产的基础。磷的吸收量也较高,与氮吸收量之比为5:2,叶片与果实吸收磷素较多。桃树是对中、微量元素比较敏感的树种。桃树对缺钙很敏感,吸收最多的元素是钙,其中,叶片需求量最多;其次是新梢和树干;再次为果实,因此,要注意钙的供应。桃树对铁敏感,桃树缺铁症又称黄叶病、白叶病、褪绿病等。缺铁症状多从新梢顶端的幼嫩叶开始表现,开始叶肉先变黄,而叶脉两侧仍保持绿色,致使叶面呈绿色网纹状失绿,随病势发展,叶片失绿程度加重,出现整叶变为白色,叶缘枯焦,引起落叶,严重缺铁时,新梢顶端枯死。桃树对其他中微量元素都比较敏感,供应不足时会出现缺素症。

二、施肥技术

桃树年生育周期亩施肥量为商品有机肥400～500kg,氮肥(N)15～17kg、磷肥(P_2O_5)6～8kg、钾肥(K_2O)8～9kg。有机肥做基肥,氮、钾分基肥和追施,磷肥全部基施,化肥和有机肥混合施用(表4-5、表4-6)。

表4-5　桃树推荐施肥量

（单位：kg/亩）			
肥力等级	推荐施肥量		
	纯氮	五氧化二磷	氧化钾
低肥力	16～18	7～9	9～10
中肥力	15～17	6～8	8～9
高肥力	14～16	6～7	7～8

表4-6　桃树测土配方施肥推荐卡

（单位：kg/亩）						
基肥推荐方案						
肥力水平		低肥力		中肥力		高肥力
有机肥	商品有机肥	500～600		400～500		300～400
	或农家肥	3500～4000		3000～3500		2500～3000
氮肥	尿素	6		6		5～6
	或硫铵	14		14		12～14
	或碳铵	16		16		14～16
磷肥	磷酸二铵	15～20		13～17		13～15
钾肥	硫酸钾	5～6		5		4～5
	或氯化钾	4～6		4		3～4
追肥推荐方案						
施肥时期		低肥力		中肥力		高肥力
		尿素	硫酸钾	尿素	硫酸钾	尿素	硫酸钾
开花前		13～14	5～6	13～14	4～5	11～13	4～5
幼果膨大期		10～11	8～9	10～11	7～8	9～10	6～7

1.基肥。基肥以有机肥为主,配合适量的化肥。一般亩施商品有机肥400～450kg,尿素6kg、磷酸二铵13～17kg、硫酸钾5kg。基肥宜在秋季采取环状沟或放射沟施入。

2.追肥。桃树追肥应根据桃树生长发育情况、土壤肥力情况等确定合理的追肥时期和次数。

促花肥:多在早春萌芽期追肥,补充树体贮藏养分的不足,促进新根和新梢的生长,提高坐果率。肥料以氮肥为主,一般亩施尿素13~14kg,硫酸钾4~5kg。

坐果肥:在开花之后至果实核硬期施用,能提高坐果率、改善树体营养、促进果实前期的快速生长。以氮为主配合磷、钾,一般亩施尿素10~11kg、硫酸钾7~8kg。

果实膨大肥:在果实再次进入快速生长期之后施用,此时追肥对促进果实的快速生长,促进花芽分化,提高树体贮藏营养有重要作用。以氮、钾为主。

催果肥:在果实成熟前20天施入,磷、钾结合,促进果实膨大、着色,提高果实品质。

3.根外追肥。初花期喷施0.2%~0.3%硼砂可提高坐果率,果实膨大期喷施0.2%~0.3%的硝酸钙可以提高果实的硬度,缺铁可用0.3%硫酸亚铁与0.5%尿素的混合液喷施,缺锌可叶面喷施0.1%~0.2%的硫酸锌,果实膨大期可喷施0.3%~0.5%尿素和磷酸二氢钾,7~10天1次。

第四节　梨树需肥特点与施肥技术

一、需肥特点

梨树是多年生木本果树。梨树对土壤要求不太严格,无论是壤土、黏土、砂土或是一定程度的盐碱、砂性土壤,都有较强的耐适力,但仍以土壤疏松、土层深厚、地下水位较低、排水良好的砂质壤土结果质量最好。

梨树需肥量大,一般认为,每生产1000kg果实需要氮(N)4.0kg,磷(P_2O_5)2.0kg,钾(K_2O)4.0kg,对氮、磷、钾的吸收比例为2:1:2。成年梨树对营养的需求主要是氮和钾,特别是由于果实的采收带走了大量的氮、钾和磷等许多营养元素,若不能及时补充则将严重影响梨树来年的生长及产量。梨树对各种元素的需要量依据各个生长发育阶段的不同而不同。在一年中需氮有两个高峰期,第一次大高峰期在5月份,吸收量可达80%,由于此期是枝、叶、根生长的旺盛期,需要的营养多,第二次小高峰在7月,比第一次吸收的量小,此期是果实的迅速膨大期和花芽分化期,需要养分也多。磷在全年只在5月份有个小高峰,由于此期是种子发育和枝条木质化阶段,需磷素较多。需钾也有两个高峰期,时期与氮相同,由于第二次高峰期正值果实迅速膨大和糖分转化,需钾量较多,所以差幅没有氮大,只比第一次略小。而且梨树需钾量大,梨树对钾的需要量与氮相等,钾不足,老叶叶缘及叶尖变黑而枯焦,降低光合能力,影响果实品质。梨树对钙、镁需要量量也大。

对钙的需要量接近氮,钙不足,影响氮的新陈代谢和营养物质的运输,使根系生长不良,新梢嫩叶上形成褪绿斑,叶尖和叶缘向下卷曲,果实顶端黑腐。缺镁,老叶叶缘及叶脉间部分黄化,与叶脉周围的绿色成鲜明对比。因此,施肥时要注意增施钾肥和钙肥及镁肥。

二、施肥技术

梨树年生育周期亩施肥量为商品有机肥 400～500kg,氮肥(N)16～17kg、磷肥(P2O5)6～8kg、钾肥(K2O)8～10kg。有机肥做基肥,氮、钾肥分基肥和追施,磷肥全部基施,化肥和有机肥混合施用(表4-7、表4-8)。

表4-7 梨树推荐施肥量

(单位:kg/亩)			
肥力等级	推荐施肥量		
	纯氮	五氧化二磷	氧化钾
低肥力	17～18	7～9	9～11
中肥力	16～17	6～8	8～10
高肥力	15～16	6～7	7～9

表4-8 梨树测土配方施肥推荐卡

(单位:kg/亩)						
基肥推荐方案						
肥力水平		低肥力		中肥力		高肥力
有机肥	商品有机肥	500～600		400～500		300～400
	或农家肥	3500～4000		3000～3500		2500～3000
氮肥	尿素	5～6		5		5
	或硫铵	14～16		14		14
	或碳铵	16～19		16		16
磷肥	磷酸二铵	15～20		13～17		13～15
钾肥	硫酸钾	5～7		5～6		4～5
	或氯化钾	4～6		4～5		3～4

追肥推荐方案						
施肥时期	低肥力		中肥力		高肥力	
	尿素	硫酸钾	尿素	硫酸钾	尿素	硫酸钾
开花前	14	5～6	13～14	4～6	13～14	4～5
幼果膨大期	11	8～9	10～11	7～8	10～11	6～8

1.基肥。基肥以有机肥为主,配合适量化肥。一般亩施商品有机肥 400～500kg,尿素 5kg,磷酸二铵 13～17kg、硫酸钾 5～6kg。基肥宜在秋季采取环状沟或放射沟施入。

2.追肥。梨树追肥应根据梨树生长发育情况、土壤肥力情况等确定合理的追肥时期和次数。

萌芽前追肥：萌芽期追肥（3月）主要是促进根、芽、叶、花展开，提高坐果率。以氮肥为主，亩施尿素13~14kg、硫酸钾4~6kg。

花芽分化前追肥：花芽分化前（5月下旬）追肥可促进开花结果和枝叶生长，花前追肥以速效氮肥为主，花后追肥以钾肥为主。可根据梨树生长情况适当追肥。

果实膨大期追肥：果实膨大期（7~8月）追肥，可促进果实增大和提高果实品质。亩施尿素10~11kg、硫酸钾7~8kg。

3.根外追肥。一般在开花前可叶面喷施2~3次0.3%~0.5%的硼砂水溶液，盛花后可喷施0.3%~0.5%的钙元素型氨基酸水溶肥料，果实膨大期可喷施0.3%~0.5%的磷酸二氢钾和尿素，7~10天1次，以提高产量及品质。落叶前20天喷施3次0.5%的硼砂和0.5%的尿素溶液。缺铁可喷施0.3%~0.5%黄腐酸铁，缺锌可喷施0.3%~0.5%的硫酸锌，可矫正缺素症。

第五节 樱桃树需肥特点与施肥技术

一、需肥特点

樱桃树属蔷薇科樱桃属果树。樱桃树大部分根系分布在土壤表层，土壤质地和肥力状况直接影响到樱桃的产量和品质，樱桃树适宜在土层深厚、土层疏松、通气良好的砂壤土或壤土上栽培，在黏土和排水不良的土壤上栽培树体长势弱。樱桃树对盐碱土壤敏感，土壤含盐量高樱桃生长不良。

樱桃树每年在生长、结果等各个生育时期都要从土壤中吸收大量的营养物质。为了满足每个发育时期对各种营养的需要，就要根据各时期对营养的需求规律进行施肥。不同树龄和不同时期对肥料的要求不同，3年生以下的幼树，树体处于扩冠期，营养生长旺盛，这个时期对氮需要量多，应以氮肥为主，辅助适量的磷肥，促进树冠的形成。3~6年生和初果期幼树，要使树体由营养生长转入生殖生长，促进花芽分化，在施肥上要注意控氮、增磷、补钾。7年生以上树进入盛果期，树体消耗营养较多，要满足植株对氮、磷、钾的需要，为果实生长提供充足营养。樱桃果实生长对钾的需要量较多，增施钾肥，可提高果实的产量与品质。在樱桃树的生长发育过程中，由于樱桃树果实生长期短，具有需肥迅速和集中的特点。从展叶、开花、果实发育到成熟，都集中在生长季节的前半期，同时花芽分化集中在采收后较短的时期内。这一方面要求春季要加强肥水管理，另一方面要求树体在前一年能积累很多营养,满足早春生长开花的需要。因此,要根据樱桃的特性合理施肥,在施肥上应重视秋季施肥及春季追肥两个关键时期。

二、施肥技术

樱桃树年生育周期亩施肥量为商品有机肥 $400 \sim 500kg$,氮肥(N)$13 \sim 15kg$、磷肥(P_2O_5)$5 \sim 7kg$、钾肥(K_2O)$7 \sim 9kg$。有机肥做基肥,氮、钾分基肥和追施,磷肥全部基施,化肥和有机肥混合施用(表4-9、表4-10)。

表4-9 樱桃树推荐施肥量

（单位：kg/亩）			
肥力等级	推荐施肥量		
	纯氮	五氧化二磷	氧化钾
低肥力	14～16	6～8	8～10
中肥力	13～15	5～7	7～9
高肥力	12～14	5～7	6～7

表4-10 樱桃树测土配方施肥推荐卡

（单位：kg/亩）						
基肥推荐方案						
肥力水平		低肥力		中肥力		高肥力
有机肥	商品有机肥	500～600		400～500		300～400
	或农家肥	3500～4000		3000～3500		2500～3000
氮肥	尿素	5～6		5		4～5
	或硫铵	12～14		12		9～12
	或碳铵	14～16		14		11～14
磷肥	磷酸二铵	13～17		11～15		11～15
钾肥	硫酸钾	5～6		4～5		4～5
	或氯化钾	4～5		3～4		3～4
追肥推荐方案						
施肥时期		低肥力		中肥力		高肥力
		尿素	硫酸钾	尿素	硫酸钾	尿素
开花前		14	5～6	13～14	4～6	13～14
幼果膨大期		11	8～9	10～11	7～8	10～11

注：追肥方案高肥力列还含硫酸钾：开花前 4～5，幼果膨大期 6～8。

1.基肥。基肥以有机肥为主,配合适量化肥。一般亩施商品有机肥 $400 \sim 500kg$,尿素5kg、磷酸二铵11～15kg、硫酸钾4～5kg。基肥宜在秋季采取环状沟或放射沟施入。

2.追肥。开花期追肥：以氮肥为主,及时补充树体营养,促进花芽萌发和春梢生长,一般亩施尿素 11~12kg、硫酸钾 4~5kg。

浆果膨大期追肥：以氮、钾肥为主，促进果实膨大，减少生理落果，提高果品质量，同时补充树体营养，一般亩施尿素 8~9kg、硫酸钾 6~8kg。

3.根外追肥。根外追肥可以全年 4~5 次，一般生长前期 2~3 次，以氮肥为主，后期 2~3 次，以磷、钾肥为主。开花前可喷施 2~3 次 0.3%~0.5% 硼砂溶液，萌芽后到落叶前可喷施 0.3%~0.5% 尿素和 0.3%~0.5% 磷酸二氢钾，可有效提高坐果率，增加产量。落叶前 20 天喷施 2~3 次 0.5% 的硼砂和尿素溶液。最后一次叶面喷肥在距果实采收期 20 天以前进行。

第六节 板栗树需肥特点与施肥技术

一、需肥特点

板栗树是木本果树之一。板栗树对土壤的要求不严，砂质、砾质、黏质壤土均可种植，而以花岗岩、纯麻岩的砾质土和砂壤土为宜。

板栗树生长发育中，对氮磷钾的需要量大，一般认为每 100kg 板栗发育成熟需消耗纯氮(N)、钾(K_2O)各 4.5~5.0kg，磷(P_2O_5)1.5~2.0kg。氮素是板栗树生长和结果的最重要营养成分。氮素的吸收从早春根系活动开始，随着发芽、展叶、开花、新梢生长、果实膨大，吸收量逐渐增加，直到采收前还在上升，采收后开始下降，到休眠期停止吸收。充足的氮肥供应，能促进新梢生长，增加其叶面积，提高光合性能，有利于营养物质的积累，加速板栗树生长发育，对幼树提早成形有重要作用，还能促进结果期树花芽分化、开花结实及果实膨大，提高坐果率和延长经济寿命。磷素在开花前吸收很少，从开花到采收期，吸收磷比较多而稳定，采收后吸收量很少，落叶前停止吸收。增施磷肥可促进新根的发生和生长，促进花芽分化和果实发育，提高产量和品质，增强抗逆能力。钾素能促进果实成熟，提高坚果的品质和耐藏性，并促进枝条的加粗生长和机械组织的形成，同时，提高板栗树抗旱、抗寒以及抗高温和抗病虫害能力。板栗树在开花前吸收钾很少，开花后迅速增加，从果实膨大期到采收期吸收最多，因此，钾肥施用的重要时期是果实膨大期。进入盛果期后，板栗树对氮、磷、钾需要量增大，它们即成为影响产量的直接因子。除需氮、磷、钾三大元素外，板栗树还需配合适量的钙、镁及锰、锌、硼等中、微量元素，供给不足，就会发生严重的生理障碍而影响生长发育，如叶片生长不良、空苞率高等。钙是板栗需要量较大的元素之一，板栗还是高锰植物，需锰量比其他果树大而且重要。硼对授粉受精具有重要的作用，适量施硼，可防止花而不实，是降低板栗空苞率的有效措施。

二、施肥技术

板栗树年生育周期亩施肥量为商品有机肥400~500kg,氮肥(N)14~16kg、磷肥(P_2O_5)6~7kg、钾肥(K_2O)7~9kg。有机肥做基肥,氮、钾分基肥和追施,磷肥全部基施,化肥和有机肥混合施用(表4-11、表4-12)。

表4-11　板栗树推荐施肥量

(单位:kg/亩)			
肥力等级	推荐施肥量		
	纯氮	五氧化二磷	氧化钾
低肥力	15~17	7~8	8~10
中肥力	14~16	6~7	7~9
高肥力	13~15	5~6	6~8

表4-12　板栗树测土配方施肥推荐卡

(单位:kg/亩)						
基肥推荐方案						
肥力水平		低肥力		中肥力		高肥力
有机肥	商品有机肥	500~600		400~500		300~400
	或农家肥	3500~4000		3000~3500		2500~3000
氮肥	尿素	5~6		5~6		5~6
	或硫铵	12~14		12~14		12~14
	或碳铵	14~16		14~16		14~16
磷肥	磷酸二铵	15~17		13~15		11~15
钾肥	硫酸钾	5~6		4~5		4~5
	或氯化钾	1~5		3~4		3~4
追肥推荐方案						
施肥时期		低肥力		中肥力		高肥力
		尿素	硫酸钾	尿素	硫酸钾	尿素	硫酸钾
开花前		12~14	4~6	11~13	4~5	11~13	3~4
幼果膨大期		9~10	7~8	9~10	6~8	8~10	5~7

1.基肥。基肥以有机肥为主,配合适量化肥。一般亩施商品有机肥400~500kg,尿素5~6kg、磷酸二铵13~15kg、硫酸钾4~5kg。基肥在秋季采取环状沟或放射沟施入。

2.追肥。发芽期追肥:一般亩施尿素11~13kg、硫酸钾4~5kg。

果实膨大期追肥:可促进果实饱满,提高产量。一般亩施尿素9~10kg、硫酸钾6~8kg。

3.根外追肥。基部叶片转绿期,叶面喷施0.1%磷酸二氢钾+0.2%尿素,可促进叶片肥厚,浓绿。果实膨大期喷施0.2%磷酸二氢钾,可促进果实生长。采前1个月喷2次0.1%的磷酸二氢钾,可增大单粒重。在生长期的5~7月,可用0.05%硫酸锰和0.05%硫酸镁混喷以补充板栗对锰及其他微量元素的需求。在花期喷施0.2%~0.3%硼砂溶液对解决板栗空苞具有一定的作用,但干旱年份慎用硼肥。

第七节 杏树需肥特点与施肥技术

一、需肥特点

杏树属于蔷薇落叶乔木。杏树的根系非常发达,不论水平方向,还是垂直方向分布都很广。杏树是温带核果类树种,喜光、耐寒、耐旱,不耐涝,对土壤条件要求不严格,在土层深厚,土壤湿度适中,pH值6.8~7.9的壤土上生长良好。

杏树生长发育需要氮、磷、钾及多种中微量元素。氮是杏树生长、结果不可缺少的营养成分。施入足量的氮肥,可使杏树枝叶繁茂,叶厚浓绿,促进花芽分化,增加产量。当杏树缺氮时,就会出现生长势弱,叶片小而薄,叶色淡而黄的现象。但是,当杏树中的含氮量超过一定值时,则会引起中毒现象的发生。磷参与核酸和蛋白质的合成,是生殖器官中的主要成分。杏树缺磷时,树体生长缓慢,枝条纤弱,叶片变小,叶色变成深灰绿色,花芽分化不良,坐果率低,产量下降,果个变小。氮磷配合,对杏树的生长发育、花芽分化和抗旱抗寒性均有良好效果。钾参与植物体的主要代谢活动,能够促进叶片的光合作用、细胞的分裂、糖的代谢和积累,能提高鲜食杏的果实品质。杏树缺钾时,叶片小而薄,呈黄绿色,叶缘上卷,叶尖焦枯,严重时,全树呈现焦灼状,甚至枯死。合理施肥,可促进杏树树体生长健壮,花芽分化充实,增加完全花比例,提高坐果率,减少落果,延长结果年限。据相关研究资料,杏树叶片中营养物质的含量与杏树生长以及产量有相关性:叶中氮的含量与一年生枝的总长度之间呈正相关。杏树要达到优质高产,叶中化学成分最适宜的含量为:氮2.8%~2.85%、磷0.39%~0.40%、钾3.90%~4.10%,叶子中的氮与钾的比率保持在0.86~0.92,就可以达到最高产量水平。

杏树生长速度快、花量大,挂果稠,为了获得并维持高产,不出现大小年的现象,合理施肥是非常必要的。施肥措施应当根据土壤养分状况、目标产量、栽植密度、树龄等而定。基肥充足和追肥及时可以保证杏树地上、地下部生长,花芽分化,开花结果对养分的需要。在低肥力的土壤上,应增施有机肥料,培肥地力,才能维持优质高产稳产。

二、施肥技术

杏树年生育周期亩施肥量为商品有机肥400～500kg,氮肥(N)14～15kg、磷肥(P_2O_5)6～7kg、钾肥(K_2O)7～9kg。有机肥做基肥,氮、钾分基肥和追肥,磷肥全部基施,化肥和有机肥混合施用(表4-13、表4-14)。

表4-13　杏树推荐施肥量

（单位:kg/亩）			
肥力等级	推荐施肥量		
	纯氮	五氧化二磷	氧化钾
低肥力	15～16	7～8	8～10
中肥力	14～15	6～7	7～9
高肥力	13～14	5～6	6～8

表4-14　杏树测土配方施肥推荐卡

（单位:kg/亩）						
基肥推荐方案						
肥力水平		低肥力		中肥力		高肥力
有机肥	商品有机肥	500～600		400～500		300～400
	或农家肥	3500～4000		3000～3500		2500～3000
氮肥	尿素	11～12		10～11		9～10
	或硫铵	24～26		22～24		20～22
	或碳铵	28～30		26～28		24～26
磷肥	过磷酸钙	44～50		38～44		32～38
钾肥	硫酸钾	4～5		4～5		3～4
	或氯化钾	3～5		3～1		3～4
追肥推荐方案						
施肥时期		低肥力		中肥力		高肥力
		尿素	硫酸钾	尿素	硫酸钾	尿素 硫酸钾
开花前		11～12	6～8	10～11	6～7	9～10　5～6
幼果膨大期		11～12	6～8	10～11	6～7	9～10　5～6

1.基肥。基肥以有机肥为主,配合适量化肥。一般亩施商品有机肥400～500kg,尿素10～11kg,过磷酸钙38～44kg、硫酸钾4～5kg。基肥在秋季采取环状沟或放射沟施入。

2.追肥。追肥的次数和时期应根据杏树生长发育情况及土壤肥力等因素确定。

花前肥:以速效性氮肥为主,补充树体贮藏营养的不足,保证开花整齐一致,提高坐果率,促进根系生长和增加新梢的前期生长量。一般可每亩追施尿素10～11kg、硫酸钾

6~7kg。

花后肥:于开花后施入,以速效性氮肥为主,配合磷、钾肥,补充花期对营养物质的消耗,提高坐果和促进新梢生长。这时幼果迅速膨大与枝叶旺盛生长对氮素的需要量很大,如果供应不足,不仅落果严重,而且枝叶生长受到阻碍。

硬核期肥:在硬核期开始施入,以速效性氮肥为主,配合磷、钾肥。其作用在于补充幼果及新梢生长对养分的消耗,促进花芽分化和果实膨大。如果此时营养不足,核、胚发育不良,以后果实也长不大,花芽分化也受到影响。一般可追施尿素10~11kg、硫酸钾6~7kg。

催果肥:果实采收前15~20天施入,主要施用速效性钾肥。目的在于促进中晚熟品种果实的第二次迅速膨大,增长果实,提高产量,提高果实品质,增加含糖量。

采收肥:果实采收后施入,以氮肥为主,配合磷、钾肥。这次追肥主要是消耗养分较多的中晚熟品种和树势衰弱的树,补偿由于大量结果而引起营养物质的亏空,恢复树施,增加树体内养分积累,充实枝条和提高越冬抗寒能力,为下一年丰产打好基础。

3.根外追肥。杏树从展叶后直至落叶前均可叶面喷肥,生长前期枝叶幼嫩可以用较低浓度,后期枝叶成熟,浓度可适当加大。一般可在开花前和落叶前20天左右分别喷施2~3次0.3%~0.5%的硼砂溶液。萌芽后到落叶前可喷施0.3%~0.5%的尿素和0.3%~0.5%磷酸二氢钾溶液。微量元素不足时可喷施微量元素肥料,喷施浓度为硫酸锌0.3%~0.5%、硫酸亚铁0.2%~0.3%、氯化锰0.25%~0.3%。

第八节 枣树需肥特点与施肥技术

一、需肥特点

枣树属鼠李科枣属,是落叶乔木,枣实生根系主根和侧根均强大,且垂直根较水平根发达。茎源根系水平根较垂直根系发达,水平根一般多分布在表土层15~30cm。垂直根深达1~4m以上。枣树的根系在年周期中与地上部生长相适应,在生长期内出现多次生长高峰,其中,以7~8月间生长高峰持续期最长,生长量最大,可延续到9月下旬,最晚至11月底,生长期达190~240天。枣树对土壤适应性强,不论砂土、黏土、低洼盐碱地、山丘地均能适应,高山区也能栽培。对土壤pH值要求也不甚严,pH值5.5~8.5均能生长良好。但以土层深厚、肥沃、疏松土壤为好。

根据山东省果树研究所研究,每生产100kg鲜枣约需要纯氮(N)1.6kg、磷(P_2O_5)0.9kg、钾(K_2O)1.3kg。枣树的不同生育期,对肥料的要求有所不同。从萌芽到开花期,对氮肥要求较高,合理的追施氮肥,能满足枣树生长前期枝、叶、花蕾生长发育的要求,促进营养生长和生殖生长。幼果至成熟前,是地下部根系生长高峰,果实膨大期是吸收养分高峰期,这段时期应以氮、磷、钾三要素为主,适当地增加磷、钾肥,有利于果实发育、品质提高和根系生长。果实成熟至落叶前,是树体养分进行积累贮藏期,为减缓叶片衰老过程和提高后期叶片的光合效能,可适当地追施氮肥,促进树体的养分积累和贮存。

二、施肥技术

枣树年生育周期亩施肥量为商品有机肥400~500kg,氮肥(N)15~16kg、磷肥(P_2O_5)7~8kg、钾肥(K_2O)8~10kg。有机肥做基肥,氮、钾分基肥和追肥,磷肥全部基施,化肥和有机肥混合施用(表4-15、表4-16)。

表4-15 枣树推荐施肥量

(单位:kg/亩)			
肥力等级	推荐施肥量		
	纯氮	五氧化二磷	氧化钾
低肥力	16~17	8~9	9~11
中肥力	15~16	7~8	8~10
高肥力	14~15	6~7	7~9

表4-16 枣树测土配方施肥推荐卡

(单位:kg/亩)						
基肥推荐方案						
肥力水平		低肥力		中肥力		高肥力
有机肥	商品有机肥	500~600		400~500		300~400
	或农家肥	4000~5000		3000~4000		2000~3000
氮肥	尿素	12~13		11~12		10~11
	或硫铵	25~27		24~26		22~24
	或碳铵	30~32		28~30		26~28
磷肥	过磷酸钙	50~56		44~50		38~44
钾肥	硫酸钾	5~6		4~5		4~5
	或氯化钾	4~5		4~5		3~4

追肥推荐方案						
施肥时期	低肥力		中肥力		高肥力	
	尿素	硫酸钾	尿素	硫酸钾	尿素	硫酸钾
开花前	12~13	7~9	11~12	6~8	10~11	6~7
幼果膨大期	12~13	7~9	11~12	6~8	10~11	6~7

1.基肥。基肥以有机肥为主,配合适量化肥。一般亩施商品有机肥400~500kg,尿

素11～12kg、过磷酸钙44～50kg、硫酸钾4～5kg。基肥在秋季采取环状沟或放射沟施入。

2.追肥。追肥应根据枣树生长发育情况、土壤肥力情况等确定合理时期和次数。

萌芽前追肥：又称催芽肥，北方枣区一般多在4月上旬进行，特别是秋季未施基肥的枣园，此次追肥尤为重要，不但可以促进萌芽，而且对花芽分化、开花坐果都非常有利。因此此次追肥不仅可保证枣树正常生长对营养的需求，而且有利于产量的提高。一般可追施尿素10～12kg、硫酸钾6～8kg。

花期追肥：枣树花芽为当年分化，多次分化，随生长随分化，分化时间长，分化数量多。因此，枣树开花数量多，开花时间长，消耗营养多，而往往由于营养不足，造成大量落花落果。花期及时补充树体营养，不但可以提高坐果率，而且有利于果实的生长发育。花期追肥多采用叶面喷施尿素的方法，这样吸收快，有利于营养的及时补充。

助果肥：果实迅速生长，如肥水不足则影响果实的发育甚至落果。因此，果实膨大期追肥，不仅直接影响产量的高低，而且也关系着果实品质的好坏。此次追肥以7月中旬为宜，除追施氮肥外，配合施入磷、钾肥，以满足枣果发育对营养元素的需求，提高果实品质。一般可追施尿素10～12kg、硫酸钾6～8kg。

后期追肥：8～9月份追肥对促进果实成熟前的增长、增加果实重量及树体营养的累积尤为重要，特别对于结果多的植株更不容忽视。后期追肥，不仅有利于产量和品质的提高，而且对翌年的生长和结果也有良好的影响。后期追肥可喷施氮肥并配合一定数量的磷、钾肥。

3.根外追肥。在枣树枝叶、花蕾生长期可叶面喷施0.3%～0.5%的尿素、0.5%～1.0%的磷酸二铵；花期和幼果期可喷施0.2%～0.5%的硼砂、0.3%的尿素、0.5%的磷酸二铵等；果实膨大期和根系生长高峰期可喷施0.5%的磷酸二铵、0.3%磷酸二氢钾或5%的草木灰浸出液；9～10月上旬可喷施0.5%的尿素并配合0.3%的磷酸二氢钾；土壤缺锌可在发芽展叶期喷施2～3次0.3%硫酸锌，缺铁可喷施0.3%～0.5%的硫酸亚铁。

第九节 山楂树需肥特点与施肥技术

一、需肥特点

山楂树属于蔷薇科山楂属。山楂树的根系生长能力较强，但主根欠发达、侧根分布浅。在北方地区一年内有3次根系发育高峰。山楂树的适应性强，树势强壮，抗性强，较耐贫瘠。平原、山地都可栽培。相对而言，山楂树喜冷凉湿润的小气候。在土壤条件方面，喜中性或微酸性的土壤，质地以壤质土为佳，在碱性土壤或质地较黏重的土壤上则容易长势差、品质劣。

研究表明:通过施肥提高土壤养分含量后,对山楂树的长势和产量及品质都有显著的促进作用。一般情况下,山楂树需要的氮磷钾肥料的比例为1.5∶1∶2。其肥料的具体用量需根据土壤的养分供应能力、树龄的大小、品种的特点、产量的高低、气候因素等灵活确定。土壤肥力低、树龄高、产量高的果园,施肥量要高一些;土壤肥力较高、树龄小、产量低的果园施肥量应适当降低。品种较耐肥、气候条件适宜、水分适中的施肥量要高一些,反之,施肥量应适当降低。若有机肥的施用量较多,则化学肥料的施用量就应少一些。山楂树对微量元素肥料的需要量较少,主要靠有机肥和土壤提供,但如果土壤含量偏低出现缺素症应及时补充微量元素肥料。总之,合理施肥是保证山楂树生长发育和丰产的重要措施之一,通过合理施肥可以促使树体生长健壮,促进花芽分化,减少落花落果,提高产量和质量,防止大小年,延长结果年限,增强果树对不良环境的抵抗能力。同时能提高土壤肥力,改善土壤结构。

二、施肥技术

山楂树年生育周期亩施肥量为商品有机肥400～500kg,氮肥(N)14～16kg、磷肥(P_2O_5)6～8kg、钾肥(K_2O)8～9kg。有机肥做基肥,氮、钾分基肥和追肥,磷肥全部基施,化肥和有机肥混合施用(表4-17、表4-18)。

表4-17 山楂树推荐施肥量

（单位:kg/亩）			
肥力等级	推荐施肥量		
	纯氮	五氧化二磷	氧化钾
低肥力	15～17	7～9	9～10
中肥力	14～16	6～8	8～9
高肥力	13～15	6～7	7～8

表4-18 山楂树测土配方施肥推荐卡

（单位:kg/亩）				
基肥推荐方案				
肥力水平		低肥力	中肥力	高肥力
有机肥	商品有机肥	500～600	400～500	300～400
	或农家肥	4000～5000	3000～4000	2000～3000
氮肥	尿素	11～13	10～12	9～11
	或硫铵	24～27	22～25	21～24
	或碳铵	28～32	26～30	24～28
磷肥	过磷酸钙	44～57	38～50	38～44

钾肥	硫酸钾	9～10		8～9		7～8	
	或氯化钾	8～9		7～8		6～7	

追肥推荐方案							
施肥时期		低肥力		中肥力		高肥力	
		尿素	硫酸钾	尿素	硫酸钾	尿素	硫酸钾
开花前		11～12	4～5	10～12	3～4	9～11	3～4
幼果膨大期		11～12	5	10～12	5	9～11	4

1.基肥。基肥以有机肥为主,配合适量化肥。一般亩施商品有机肥400～500kg,尿素10～12kg、过磷酸钙38～50kg、硫酸钾8～9kg。基肥在秋季采取环状沟或放射沟施入。

2.追肥。花期追肥:以氮肥为主。根据实际情况也可适当配合施用一定量的磷钾肥。结合灌溉开小沟施入。一般可追施尿素10～12kg、硫酸钾3～4kg。

果实膨大前期追肥:果实膨大前期要为花芽的前期分化改善营养条件,一般根据土壤的肥力状况与基肥、花期追肥的情况灵活掌握。土壤较肥沃,基肥、花期追肥较多的可不施或少施,土壤较贫瘠,基肥、花期追肥较少或没施肥的,应适当追施。

果实膨大期追肥:以氮钾肥为主,配施一定量的磷肥,主要是促进果实的生长,提高山楂的碳水化合物含量,提高产量、改善品质。一般可追施尿素10～12kg、硫酸钾5kg。

3.根外追肥。山楂树叶面喷肥可根据生长发育情况而定,喷施时期可参照追施时期。肥料的种类和浓度为:0.2%～0.3%的硼砂,0.3%～0.5%的尿素,0.3%～0.5%的磷酸二氢钾,1.0%～3.0%的过磷酸钙,3.0%的草木灰浸出液。

第十节 柿树需肥特点与施肥技术

一、需肥特点

柿树属柿树科柿树属,是一种栽培广、易管理、寿命长、产量高的果树。柿树是深根性果树,根系强大,根系一年中有2～3次生长高峰,以雨季生长最旺,11月停止。柿树吸收肥力强而范围广泛,故对土壤要求不严格,但以土层深厚,地下水位在1m以下,保水保肥力强的壤土或黏壤土为宜。柿树不同品种对土壤酸碱度有较强的适应能力,由碱性到酸性均能很好生长,在pH值5.0～6.8的范围内较适宜。土壤总盐量不能超过0.1%～0.13%,土壤中Cl^-和SO_4^{2-}较多时不利柿树生长。

柿树生长发育需要氮、磷、钾及多种中微量元素。分析柿树每年新形成的枝、叶、根、果所含的氮、磷、钾,其氮、磷、钾的比例约为1:0.27:0.86。从国内外的总结推算,每生产

1000kg果实,大约需要氮(N)8.3kg,磷(P₂O₅)2.5kg,钾(K₂O)6.7kg,氮、磷、钾的比例约为1：
0.3：0.8。由此可见,柿树对氮的需求量最大,其次是钾、磷。柿树需钾较多,缺钾果实变
小,钾肥过多,品质不佳。柿树生长发育旺盛,要实现优质高产合理施肥非常重要,柿树
施肥应以有机肥为主,在不同发育期配合适量的氮磷钾化肥,以协调满足柿树生长、发
育、开花结果对养分的需求。

二、施肥技术

柿树年生育周期亩施肥量为商品有机肥400～500kg,氮肥(N)17～18kg、磷肥(P₂O₅)
7～8kg、钾肥(K₂O)8～10kg。有机肥做基肥,氮、钾分基肥和追施,磷肥全部基施,化肥和
有机肥混合施用(表4-19、表4-20)。

表4-19　柿树推荐施肥量

（单位：kg/亩）			
肥力等级	推荐施肥量		
	纯氮	五氧化二磷	氧化钾
低肥力	18～20	8～9	10～11
中肥力	17～18	7～8	8～10
高肥力	16～17	6～7	7～9

表4-20　柿树测土配方施肥推荐卡

（单位：kg/亩）						
基肥推荐方案						
肥力水平		低肥力		中肥力		高肥力
有机肥	商品有机肥	500～600		400～500		300～400
	或农家肥	4000～5000		3000～4000		2000～3000
氮肥	尿素	13～15		12～13		12～13
	或硫铵	30～32		22～25		21～24
	或碳铵	28～32		27～29		25～27
磷肥	过磷酸钙	50～56		44～50		38～44
钾肥	硫酸钾	10～11		8～10		7～9
	或氯化钾	9～10		7～9		6～8
追肥推荐方案						
施肥时期		低肥力		中肥力		高肥力
		尿素	硫酸钾	尿素	硫酸钾	尿素	硫酸钾
开花前		13～15	5	12～13	3～4	12～13	3～4
幼果膨大期		13～15	5～6	12～13	5～6	12～13	4～5

1.基肥。基肥以有机肥为主,配合适量化肥。一般亩施商品有机肥400~500kg,尿素12~13kg、过磷酸钙44~50kg、硫酸钾8~10kg。基肥在秋季采取环状沟或放射沟施入。

2.追肥。柿树追肥应根据生长发育情况、土壤肥力情况等确定合理的追肥时期和次数。

花前追肥:花前追肥可以促进保花保果。以4月下旬至5月上旬追施为好。追肥过早过多,易造成落花落果。以速效氮肥为主。一般可追施尿素12~13kg,硫酸钾3~4kg。

花后追肥:以速效氮肥为主,磷肥次之,根据生长发育情况适量追肥,也可结合喷施微量元素肥料。

果实膨大期追肥:这一时期正值果实迅速生长期,是柿树吸收营养的高峰期,及时追肥能够促进果实生长发育,减缓生理落果。一般在6月下旬至7月中旬追肥,以氮肥、钾肥为主。一般可追施尿素12~13kg,硫酸钾5~6kg。

果实生长后期追肥:果实生长后期追肥可以增加树体营养积累。一般可在8月中旬以后根据情况适量追肥,过早会刺激秋梢发生。

3.根外追肥。根外追肥的时间、次数、浓度等根据生育周期及树势而定。通常在春梢生长、花前、花后可叶面喷肥2~3次。花前叶面喷施0.3%~0.5%的尿素溶液+0.1%~0.5%硼酸溶液。花后叶面喷施0.3%~0.5%尿素溶液+0.2%~0.3%的磷酸二氢钾溶液。6月下旬果实生长高峰期,喷施1~2次0.5%尿素与0.2%~0.3%磷钾肥混合液。在果实二次膨大和着色期,喷施1~2次速效氮和0.2%~0.3%磷钾肥混合液。

第五章 果树缺素症及其诊断方法

农作物正常生长发育需要吸收16种必要的营养元素,碳、氢、氧、氮、磷、钾、钙、镁、硫、铁、硼、锰、铜、锌、钼、氯。其中碳、氢、氧从空气中吸收,其他营养元素都从土壤中吸收,这16种营养元素有同等重要的作用。如果缺乏任何一种营养元素,作物生理代谢就会发生障碍,不能正常生长发育,使根、茎、叶、花或果实在外形上表现出一定的症状,将会引起农作物减产,通常称为农作物的缺素症。作物缺素症是作物体内营养不良的外部表现,作物的反应是进行田间判断的依据。因此,通过对作物进行形态诊断,了解作物的营养状况是科学施肥的重要依据。生产上如能及时施用含所缺元素的肥料,一般症状即可减轻或消失,产量损失也可大大减轻。缺素症的诊断步骤如下。

第一步:看作物发生变化的部位。一般来说,作物缺乏大量营养元素时,往往从下部的老叶先表现出缺素症,而缺乏微量营养元素时,则症状最早出现在作物上部新生叶片上,症状出现的部位是识别缺素症的主要依据。

作物在缺乏大量营养元素氮磷钾时,由于它们在作物体内流动性大,可从植株下部的老叶向新叶中转移,以保证新叶的正常生长,因而缺素症状首先从植株下部的老叶上表现出来,这种养分能从衰老器官向新生器官转移的现象称为养分的再利用。然而,微量元素则不同,微量元素在植物体内不易移动。在作物缺乏微量营养元素时,由于它们不能从老叶向新叶转移,因而缺素症大多发生在新叶上。这是作物缺乏大量营养元素与缺乏微量营养元素在形态上有重要区别的原因。确定了缺乏大量营养元素或微量营养元素以后,就需要进一步诊断具体缺乏什么营养元素。

应该指出:天旱无雨时,植株的叶片也会发黄,干枯,但它不仅仅是下部叶片发黄,而且是植株的所有叶片都会有变化,只是下部叶片更严重一些,出现这种情况不要误诊为缺氮,遭受病虫害时也会在叶子上留下一些斑点,但不会是从下部叶片开始,这些要与营养缺乏症区别开。最重要的是,观察要仔细,严格区分生理性病害和病原性病害。

第二步:看作物变化后的特征。包括叶片大小、叶色以及是否出现畸形等,例如小麦缺氮的叶片普遍出现黄化,叶片变小,叶肉薄,植株矮小;小麦缺磷时幼苗的叶片常出现紫红色,尤其是叶片的背面紫红色明显;玉米缺钾叶片边缘呈枯黄色。如果缺乏某种微量元素,不同作物也会有不同的表现,例如,玉米缺锌,幼苗呈现白苗。经常熟悉作物缺素症图谱对确定作物的缺素症是有帮助的。

当诊断出作物所缺元素以后，就应该加以补充。正确的做法就是对症施肥，缺氮时应及时追施氮肥，缺磷时应及时喷施磷肥，缺锌时及时喷施锌肥，这样做缺素症就可以逐渐消失，大大减轻产量损失，所以说，形态诊断是科学施肥的重要依据之一。

第一节　葡萄缺素症及其诊断方法

一、缺氮

症状：葡萄缺氮时，老组织先表现症状，黄化枯焦，早衰，新叶淡绿色，叶片小而薄，易早落，植株生长不良，枝条短而细，皮呈红棕色，果穗与果粒均小，产量明显下降。

防治方法：及时追施速效氮肥如尿素、碳铵等，每亩 10～15kg，一般施用氮素化肥后，症状很快消失。在葡萄生长前期可叶面喷施 0.3% 的尿素，也可在果实采收后喷施 0.5% 的尿素溶液，连喷 2～3 次。

二、缺磷

症状：葡萄缺磷时，老组织先表现症状。叶片较小，茎叶暗绿色或紫红色，老叶上生有枯斑，易早落，生育期推迟，花芽分化不良，果实品质下降。

防治方法：施用磷肥，每亩基施或追施过磷酸钙 30～40kg。喷施磷肥：如出现暂时性的缺磷现象，可以叶面喷施 0.1%～0.3% 的磷酸二氢钾或 3%～5% 的过磷酸钙浸出液 2～3 次。

三、缺钾

症状：葡萄缺钾时，老组织先表现症状，叶尖及边缘焦枯叶片变脆，并出现斑点，症状随生育进程而加重，早衰，果实小，着色差，含糖量低，成熟度不整齐。

防治方法：增施钾肥和有机肥：基施或追施硫酸钾 10～20kg，增加有机肥的投入。叶面喷钾，可以叶面喷施 0.1%～0.3% 的磷酸二氢钾 2～3 次。

四、缺钙

症状：葡萄缺钙时，顶芽易枯死，叶尖钩状，并相互粘连，不易伸展，幼叶一部分或全部死亡，有时小叶或全叶呈红棕色，新根容易死亡，形成粗短且多分枝的根群，是缺钙的典型症状。

防治方法：叶面喷施 0.5%～1.0% 的过磷酸钙浸出液，也可喷施 0.5% 的氯化钙或硝酸钙溶液，连喷 2～3 次。在氮较多的葡萄园中，不宜喷硝酸钙，以免增加氮的含量。

五、缺镁

症状:葡萄缺镁时,老组织先表现症状。叶脉间明显失绿,出现清晰网状脉网,有条状色泽斑或块斑。叶片皱缩,新梢中下部叶片易早落,枝条呈光秃状。

防治方法:缺镁严重的果园可以在秋施基肥时每亩施入硫酸镁20～30kg。在植株发生缺镁症状时,可叶面喷施0.1%～0.2%的硫酸镁或氯化镁溶液2～3次。

六、缺锌

症状:葡萄缺锌时,新梢节间变短,叶小簇生(即所谓的"小叶病")。叶脉间叶肉黄化,严重时干枯脱落。果穗松散,产生大量无籽小粒果,小粒果始终坚硬,色绿不成熟,产量显著降低。

防治方法:冬剪后随即用10%的硫酸锌溶液涂抹剪口或结果母枝。发现葡萄缺锌时,可株施0.25kg硫酸锌,或花前2～3周和花后喷施0.3%～0.5%的硫酸锌溶液2～3次。

七、缺铁

症状:葡萄缺铁时,新叶脉间失绿,发展至整叶呈淡黄色或白色,但叶脉仍保持绿色。与缺镁失绿所不同的是,缺铁失绿首先表现在新叶上。

防治方法:叶面喷施0.1%～0.2%的柠檬酸铁或硫酸亚铁溶液2～3次。

八、缺硼

症状:葡萄缺硼时,顶芽易枯死,会引起叶缘和叶脉黄化,叶片皱缩不平或向背面翻卷并发生枯焦。严重时引起大量落蕾,即使结果也表现为果粒小,种子发育不良或无籽,果梗细,果穗弯曲。

防治方法:生长期每株施30g硼砂后浇水;花前2～3周和盛花期叶面喷施0.1%～0.2%的硼酸或硼砂溶液2～3次。

第二节 苹果树缺素症及其诊断方法

一、缺氮

症状:苹果缺氮时,先从枝条的基部叶开始,叶片小而薄、色淡,叶柄和叶脉呈紫红色或淡红色,春季叶呈黄红色,夏季叶片薄且叶色发黄,严重时早期落叶,新梢长势弱,短而细,花芽形成少,落花落果严重,果实小,成熟早,色暗、色淡、大小年结果现象严重。

防治方法:基肥增施有机肥料,并且增施氮肥加以补充,在生长季节及时追肥尿素、硝酸铵等氮肥,也可用0.5%～0.8%尿素溶液叶面喷施2～3次作为辅助治疗。

二、缺磷

症状:苹果缺磷时,最初表现在新梢和老叶上,叶片小而薄,老叶呈暗绿色,新梢细弱、短小,分枝少。严重缺磷时,老叶变为黄绿色和深绿色相间的花叶状,近叶缘的叶面上呈现红色、紫色的斑块,枝条基部叶片早落,花芽少,果实少,果实色泽差。缺磷还可引起花芽分化不良,树体抗逆性差,易受冻害,还可引起早期落叶,产量下降。

防治方法:以增施有机肥为主,补施磷肥为辅,在根系分布层施入充足的磷肥,叶片展叶后,叶面喷施0.5%~1%过磷酸钙2~3次,能有效地防治苹果树缺磷的现象。

三、缺钾

症状:苹果缺钾时,先从新梢中部或下部叶出现,叶缘和叶尖失绿而呈棕黄色,之后很快呈黄褐色或紫褐色枯焦。严重缺钾时,叶片从边缘向内焦枯,向下卷曲枯死而不易脱落,花芽小,果实着色面小,色泽差,不耐储藏。

防治方法:在细砂土、酸性土以及有机质少的土壤中,容易发生缺钾现象,为了防治缺钾,施基肥时要注意合理搭配氮磷钾的比例,及时追施硫酸钾、硝酸钾、草木灰等钾肥,也可用0.3%~0.5%的磷酸二氢钾叶面喷施2~3次。

四、缺钙

症状:苹果缺钙现象较为普遍,轻度缺钙时地上部无明显症状,地下部新根停止生长早,根系短而粗;严重缺钙时,幼叶变成棕褐色或绿褐色的焦枯状,有时叶尖和焦边向上卷曲,缺钙会使果实阳面呈现黄色的灼烧状,引发苹果苦痘病和红玉斑点病。

防治方法:增施有机肥料,要适量施入氮肥。基施或追施钙肥,每亩施硝酸钙20~25kg,生长季节叶面喷施0.3%~0.5%硝酸钙,连喷3~4次。

五、缺锌

症状:苹果缺锌时,主要表现在新梢和叶上,春季病枝发芽晚,叶片狭小细长,叶缘向上,叶呈黄绿色,小叶簇生,新梢节间极短,俗称"小叶病"。严重缺锌时,叶尖和叶缘变褐并逐渐焦枯,自下而上早落。

防治方法:结合施基肥时,施入一定量的锌肥,如硫酸锌、氧化锌、碳酸锌等,还可在树下挖放射沟,每株大树施入0.5~1.0kg的硫酸锌;发芽前半个月,全树喷3%~5%硫酸锌溶液,花后3周喷0.2%~0.3%的硫酸锌溶液,连喷2~3次,重病树连续喷2~3年。

六、缺铁

症状:苹果缺铁时,主要表现在新梢和幼嫩叶片上,开始叶肉变黄,叶脉为绿色成典型的网状失绿。缺铁严重时,叶脉也变成黄色,出现褐色枯斑和枯边,甚至干枯死亡。叶片失去光泽,叶片皱缩,枝梢顶端枯死,影响苹果的生长和发育。

防治方法:对发病严重的可在发芽前喷0.3%~0.5%硫酸亚铁溶液,生长季节每隔15天叶面喷施1次0.1%~0.2%硫酸亚铁溶液或柠檬酸铁溶液,连喷2~3次;也可结合施基肥在根系分布层挖放射状沟,施入硫酸铁、硫酸亚铁、柠檬酸铁。

七、缺硼

症状:苹果缺硼主要表现为缩果症。花器官发育不良,落花落果严重,坐果率低春季发芽晚,叶片小而发黄;严重缺硼时,叶片从叶脉或叶柄处折断,发出的细弱枝不久即枯死,枝条下方的多数侧芽萌生细枝,形成"扫帚枝"。果皮木栓化,局部果皮微有凹陷,使果实扭曲变形。

防治方法:秋季或春季结合施基肥时施入硼砂,每株大树应控制在200g左右,小树100g;也可在开花前、盛花期、落花后各喷施1次0.2%~0.3%的硼砂或0.1%硼酸溶液。

八、缺镁

症状:苹果缺镁初期,叶色浓绿,少数幼树新梢顶端的叶片稍显退绿。此后,新梢基部成熟叶片外缘和叶脉间出现淡绿色斑块,逐渐变成红褐色或深褐色,经2~3天后,病叶卷缩脱落。

防治方法:结合施基肥,施用镁肥,如硫酸镁每亩10~15kg等;在生长期缺镁可用1%硫酸镁溶液叶面喷施,每15天喷一次,连喷2~3次。

九、缺铜

症状:苹果缺铜时,新稍顶端叶尖失绿变黄,甚至脉间呈白色,叶畸形,叶脉上有锈纹斑,随后变褐干枯而脱落形成光条;果实易得"糖蜜病"。

防治方法:结合施基肥,施用适量铜肥,如硫酸铜等;生长期可用0.01%~0.1%硫酸铜溶液叶面喷施,每15天喷1次,连喷3次。

第三节　桃树缺素症及其诊断方法

一、缺氮

症状:桃树缺氮时,全树叶片浅绿至黄色,新梢下部老叶首先发病,叶片变黄,叶柄、叶缘和叶脉变红,后期脉间叶肉产生红棕色斑点,斑点多,发病重时叶肉呈紫褐色坏死。新梢停止生长,细而短,皮部呈浅红或淡褐色,叶片自下而上脱落。

防治方法:基施或及时追施尿素、硫铵、氯化铵或碳酸氢铵等氮肥,叶面喷施尿素,前期200~300倍液,秋季30~50倍液,连喷2~3次。

二、缺磷

症状：桃树缺磷时，首先是新梢中下部叶片发病，逐渐遍及整个枝条，直至症状在全树表现。初期叶片呈深绿色，叶柄变红，叶背叶脉变紫，后期叶片正面呈紫铜色。基部老叶有时出现黄绿相间的花斑，甚至整叶变黄，常提早脱落。顶端幼叶有时直立生长，狭窄并下卷。新梢细且分枝少，色呈紫红。果小味淡、早熟。

防治方法：秋施基肥时增施有机肥和磷肥，生长期间出现缺磷症状时叶面喷施0.3%～0.5%磷酸二氢钾溶液或1%～3%过磷酸钙浸出液2～3次。

三、缺钾

症状：桃树缺钾时，新梢中部叶片先发病，逐渐向基部和顶端发展，一般自下而上渐重，严重时全树萎蔫，抗逆性下降。初期叶缘枯焦，色呈黄绿，后期，叶缘继续干枯，而叶肉组织仍然生长，主脉皱缩，叶片上卷，叶缘附近出现褐色坏死斑，叶背多变红色，新梢细而长，花芽少，果小，着色差并早落。

防治方法：基肥应增施农家肥、绿肥等有机肥，并增施钾肥，生长期间可追施硫酸钾和草木灰等钾肥，叶面喷施0.3%～0.5%磷酸二氢钾水溶液2～3次。

四、缺钙

症状：桃树缺钙时，先从幼叶出现症状，再逐渐向老叶发展。初期幼叶深绿，其叶尖、叶缘或叶脉附近出现红褐色坏死斑，后期幼叶发黄，大量脱落，造成枝梢顶枯。老叶叶缘失绿、干枯并破损。根系生长受阻，幼根腐烂死亡，烂根附近长出短而粗的新根。

防治方法：及时喷施0.1%硫酸钙溶液、或0.3%～0.5%硝酸钙溶液、或0.5%～1.0%氯化钙溶液，连喷2～3次。

五、缺镁

症状：桃树缺镁时，病症多发生在老叶上，一般幼叶不发生，多在果实膨大期开始表现症状。发病初期老叶叶缘和脉间出现浅绿色水渍状斑点，斑点逐渐扩大为紫褐色坏死斑块，后期病叶卷缩早落，并由新梢下部向中上部发展。

防治方法：增施有机肥，改良土壤。缺镁严重时，结合秋施基肥，根施镁肥，中性土壤可用硫酸镁，酸性土壤可用碳酸镁。在生长期可叶面喷施2%～3%的硫酸镁溶液，连喷2～3次。

六、缺锌

症状：桃树缺锌多从老叶开始，然后逐渐向新叶发展，使新梢上下普遍发生，一般在生长初期就能表现症状。桃树缺锌时，相应表现出生长受阻、叶片失绿以及树体阳面叶片病重。缺锌初期，下部叶片除叶脉及其附近仍然保持原有绿色外，脉间叶肉明显失绿变黄,顶端叶片小,无叶柄,呈丛状簇生。缺锌后期,病叶狭窄质硬,有时皱缩外卷并产生紫红色斑,老叶极易早落,并由下往上发展,最终造成新梢光秃甚至枯死。

防治方法:增施有机肥,改良土壤。秋施基肥时,株施0.5~1.0kg硫酸锌。休眠期喷施3%~5%硫酸锌,生长期可在花后20天喷施0.2%硫酸锌加0.3%尿素混合液,连喷2~3次。

七、缺铁

症状:桃树缺铁时,多从新梢顶端叶片开始,而且自上而下渐轻。缺铁抑制了叶绿素的合成,使桃树表现出从失绿到黄化再到白化的症状。缺铁轻时,一般叶片不萎蔫,新梢顶芽仍然生长,缺铁严重时,叶缘枯焦,有时叶片出现褐色坏死,连较细的侧脉也变黄,新梢顶端枯死,其中上部叶片早落。

防治方法:增施有机肥,改良土壤。桃树出现缺铁症状时,可叶面喷施硫酸亚铁溶液2~3次,生长期喷施浓度为0.2%~0.4%,休眠期喷施浓度为2%~4%。

八、缺硼

症状:桃树缺硼初期,顶芽停长,幼叶黄绿,其叶尖、叶缘或叶基出现枯焦,并逐渐向叶片内部发展,后期,病叶凸起、扭曲甚至坏死早落。新梢顶枯,并从枯死部位下方长出许多侧枝,呈丛枝状。新生小叶厚而脆,畸形,叶脉变红,叶片丛生。

防治方法:结合秋施基肥,增施有机肥,严重时株施硼砂150~200g,花期前后喷施0.3%的硼砂溶液,连喷2~3次。

九、缺锰

症状:桃树缺锰时,首先从新梢上部叶片发病,而且自上向下渐重。初期叶缘色变浅绿,并逐渐扩展至脉间失绿,而主脉和中脉及其邻近组织仍为绿色,后期仅中脉保持绿色,而叶片大部黄化。一般叶片不萎蔫,新梢顶芽仍然生长,但在缺锰极重时,新梢生长矮小,叶片小呈褐色坏死斑,斑点较小。

防治方法:结合秋施基肥,增施有机肥,桃树出现缺锰症状时,及时叶面喷施0.2%~0.3%硫酸锰溶液2~3次。

十、缺铜

症状:桃树缺铜时,主要症状是幼叶失绿萎蔫和新梢顶枯。初期,茎尖停长,细而短,幼叶尖和叶缘出现失绿,并产生不规则褐色坏死斑,逐渐向叶片内部发展,造成萎蔫状。后期,幼叶大量脱落,顶芽和顶梢枯死,病情逐渐向新梢中下部蔓延,在次年甚至当年,经常从枯死部位以下发出许多新梢,呈丛状,但这些新梢也会因缺铜而产生枯顶,树体矮化和衰弱。严重时,树皮粗糙并木栓化,有时出现开裂流胶现象。

防治方法:增施有机肥,改良土壤。缺铜严重时,秋施基肥时株施0.5～2.5kg硫酸铜。也可喷施硫酸铜溶液2～3次,萌芽前浓度为0.1%,花后浓度为0.05%。

第四节 梨树缺素症及其诊断方法

一、缺氮

症状:梨树在生长期缺氮,叶呈黄绿色,老叶转变为橙红色或紫色,易早落。花芽、花及果实都少,果实变小,但着色很好。

防治方法:基施并及时追施速效性氮肥。在雨季和秋梢生长期,树体需要大量氮素,可向树冠喷洒0.3%～0.5%尿素溶液2～3次。

二、缺磷

症状:梨树磷供应不足时,光合作用产生的糖类物质不能及时运转,积累在叶片内,转变为花青素,使叶片呈紫红色,尤其是春季或夏季生长较快的枝叶几乎都呈紫红色。这种症状是缺磷的重要特征。

防治方法:基施或追施磷肥,也可在展叶期叶面喷施0.2%～0.3%的磷酸二氢钾水溶液或1%～3%的过磷酸钙浸出液2～3次。因土壤碱性和钙质高造成植株缺磷,需施入硫酸铵使土壤酸化,以提高土壤中磷的有效成分。

三、缺钾

症状:梨树缺钾时,当年生枝条的中下部叶片边缘变为枯黄色,后呈枯焦状,叶片常发生皱缩或卷曲。严重缺钾,可整叶枯焦,挂在枝上,不易脱落。枝条生长不良,果实常呈不熟的状态。

防治方法:增施农家肥或种绿肥压青。生长期每亩追施硫酸钾20～25kg;也可叶面喷施0.2%～0.3%的磷酸二氢钾2～3次。

四、缺硼

症状:梨树缺硼时,果肉的维管束部位发生褐色凹斑,组织坏死,味苦。

防治方法:增施有机肥。花前、开花和落花后,喷施3次0.5%的硼砂溶液,或者每株大树根施150～200g硼砂,施后立即灌水,以防产生要害。

五、缺钙

症状:梨树缺钙时,新梢叶上形成褪绿斑,叶尖及叶缘向下卷曲,几天后,褪绿部分变成暗褐色并形成枯斑,症状逐渐向下部叶扩展。果实缺钙易形成顶端黑腐。

防治方法:土壤施钙,在砂质土壤上穴施石膏、硝酸钙或氧化钙;叶面施钙,叶面喷施氯化钙,喷施氯化钙和硝酸钙易造成药害,安全浓度为0.5%,一般喷施4~5次。

六、缺镁

症状:梨树缺镁时,叶片失绿,先从枝条基部叶片失绿,失绿叶片的叶脉间变为淡绿色或淡黄色,呈肋骨状失绿。枝条上部的叶片呈深棕色,叶脉间可产生枯死斑。严重缺镁时,从枝条基部叶片开始脱落。

防治方法:轻度缺镁时,采用叶面喷施含镁溶液,可喷施2%~3%的硫酸镁溶液3~4次。严重缺镁时则以根施镁肥的效果好、持续时间长,但根施效果慢。在酸性土壤中,为了中和酸度,可施镁石灰或碳酸镁,中性土壤中可以施硫酸镁。

七、缺铁

症状:梨树缺铁多从新梢顶部嫩叶开始发病。初期叶肉由失绿变黄,叶脉两侧仍保持绿色,叶呈绿网纹状,叶片较正常的小,随着病情的加重,黄化程度进一步发展,致使全叶呈黄白化,叶片边缘开始出现褐色焦枯斑,严重时叶焦枯脱落,顶芽枯死。

防治方法:增施有机肥和绿肥,改良土壤,增加土壤有机质含量,提高植株对铁素的吸收利用率。对发病严重的梨树,于发芽后喷0.5%硫酸亚铁溶液2~3次。

八、缺锰

症状:梨树缺锰时,叶片的叶脉间失绿,叶脉为绿色,即呈现肋骨状失绿。这种失绿从茎枝基部到新梢都可发生(不包括新生叶),多从新梢中部开始失绿,向上下两个方向扩展。叶片失绿后,沿中脉显示一条绿色带。

防治方法:叶面喷施硫酸锰,叶片生长期,可喷3次0.3%的硫酸锰溶液。枝干涂抹硫酸锰溶液,可以促进新梢和新叶生长。土壤施锰肥,应在土壤含锰量极低时进行,将硫酸锰混在其他肥料中施用。

第五节 樱桃树缺素症及其诊断方法

一、缺氮

症状:樱桃缺氮时,叶片淡绿,较老叶现橙色、红色或紫色,早期脱落。花芽、花、果均少,果小且高度着色。

防治方法:增施有机肥和尿素、硫酸铵等氮肥。发现樱桃缺氮症状时,叶面喷施

0.3% ~ 0.4%尿素溶液1 ~ 2次。

二、缺磷

症状:樱桃缺磷时,叶片稀少,枝叶变为灰绿色,叶脉、叶柄变紫,早期落叶。果实不易着色,含糖量低,花芽形成不良,产量下降,树体寿命缩短。

防治方法:土壤增施有机肥及磷肥。樱桃树生长期缺磷时,可叶面喷施0.2% ~ 0.3%的磷酸二氢钾2 ~ 3次。

三、缺钾

症状:樱桃缺钾时,表现为叶片边缘枯焦,从新梢的下部逐渐扩展到上部,老樱桃树的叶片上首先发现枯焦。有时叶片呈青(铜)绿色,进而叶缘可能与主脉呈平行卷曲状,褪绿,随后灼伤或死亡。

防治方法:土埌增施有机肥和钾肥,叶面喷施0.3% ~ 0.4%磷酸二氢钾水溶液2 ~ 3次。

四、缺硼

症状:樱桃缺硼时,枝梢顶部变短,叶窄小,叶缘锯齿不规则,虽然有时还能形成花芽,但不开花结果。即使开花结果,果实上出现数个斑点,硬斑处发育缓慢,逐渐木栓化,也称缩果症。植株正常部位生长迅速,因而发生整株上的果实生长发育不均衡,出现果实畸形,这种畸形一直到采收时仍不脱落,严重影响樱桃的产量和品质。

防治方法:增施有机肥,对贫瘠土地进行深翻,加强水土保持,干旱年份注意浇水。花期喷施0.25% ~ 0.5%硼砂或硼酸1 ~ 2次,也可每株施150 ~ 200g硼砂。

五、缺钙

症状:樱桃缺钙时,叶上有淡淡的褐色和黄色标记,叶可能变成带有很多洞的网架状叶,枝条生长受阻。

防治方法:每亩基施石灰30 ~ 50kg;生长初期喷施0.1%的硫酸钙溶液或0.5%的硝酸钙溶液或0.4%的氯化钙溶液2 ~ 3次。

六、缺镁

症状:樱桃缺镁时,较老叶片脉间呈褪绿状,随之坏死。叶缘经常是首先发病部位,呈紫色、红色或橙色,有浅晕,易先行坏死,早期落叶。

防治方法:每株用30 ~ 50g硫酸镁对水3 ~ 5kg浅沟浇施根部。叶面喷施0.1% ~ 0.3%硫酸镁溶液,连续喷3 ~ 4次,每次间隔7 ~ 10天。严重缺镁的土壤每亩用5 ~ 10kg硫酸镁,于秋季或冬季混入基肥中施人土壤。

七、缺锌

症状:樱桃缺锌时,叶片主脉间呈白色或灰白色,叶窄,呈莲座状。

防治方法:叶面喷施0.2%~0.3%硫酸锌加等量石灰滤液,2~3次,也可土壤施用适量含锌肥料。

八、缺锰

症状:樱桃缺锰时,叶片主脉间有淡绿色区,近主脉处仍为暗绿色。缺锌和缺锰可在同一叶片上发现。

防治方法:叶面喷施0.1%硫酸锰和含锰的微量元素水溶肥料,连续喷施2~3次。

九、缺铁

症状:樱桃缺铁时,幼龄樱桃树的叶脉间组织失绿变为亮黄色,而叶脉仍维持绿色,枝条上部的叶片首先失绿,逐渐向下扩展直至基部老叶,严重缺铁植株叶片边缘组织坏死。

防治方法:施用有机肥、改善园地排水系统,以提高土壤中铁元素的有效性。叶片喷施0.1%~0.2%硫酸亚铁或其他的含铁微量元素水溶肥料2~3次可有效缓解其症状。

第六节 板栗树缺素症及其诊断方法

一、缺氮

症状:板栗缺氮时,叶面积变小,叶色变黄,新梢生长量小,树势衰弱。

防治方法:结合基肥,施用尿素等含氮肥料。生长期缺氮时,可追施氮肥或叶面喷施0.5%的尿素溶液2~3次。

二、缺钾

症状:板栗缺钾时,叶面有黄褐色坏死斑,边缘焦枯上卷,焦枯边缘和斑块易脱落,脱落后叶面呈穿孔状。果实长不大,着色差,影响果实的商品价值。

防治方法:增施钾肥或叶面喷施0.3%~0.5%的硝酸钾,每隔15天喷一次,连续喷施2~3次。

三、缺钙

症状:板栗缺钙时,症状表现在幼叶上,叶片黄化,边缘出现黄褐色斑。影响果树的光合作用,导致果树根系和果实发育不良。

防治方法:叶面喷施0.4%~0.5%氯化钙溶液2~3次,或在根部施用生石灰。

四、缺镁

症状：板栗缺镁时，枝条出现坏死斑点，纤细且弯曲；老叶失绿黄化，造成果实发育不良，长不大，着色较差。

防治方法：叶面喷施1%～2%氧化镁或1%硫酸镁水溶液2～3次。

五、缺锰

症状：板栗缺锰时，幼叶的叶脉为深绿色，呈网纹状。叶脉间呈黄绿色或淡绿色，并出现坏死斑块，斑块脱落，叶片形成穿孔。

防治方法：枝干涂抹1%硫酸锰溶液，可促进新梢和新叶的生长。也可喷施0.3%～0.5%硫酸锰溶液2～3次。

六、缺硼

症状：板栗缺硼时，明显特征是枝梢枯萎，呈扫帚状。影响花器和果实的发育，造成板栗空苞，根系发育不良。

防治方法：基施硼肥，结合施基肥施入硼砂等硼肥，施用量按树冠大小计算，每平方米施硼砂10～20g，施在树冠外围须根分布最多的区域，板栗施硼一定要适量，施用过多会造成硼中毒，一般基肥1～2年施1次。喷施硼肥，在花前和盛花期喷施0.2%～0.3%硼砂溶液、0.3%磷酸二氢钾2～3次，可有效防止板栗空苞的发生。

第七节 杏树缺素症及其诊断方法

一、缺氮

症状：杏树缺氮时，生长势弱，叶片小而薄；叶色淡，呈淡绿或黄绿色，新梢短而细。

防治方法：根部基施或追施尿素等氮肥；叶面喷施0.3%～0.5%尿素溶液2～3次。

二、缺磷

症状：杏树缺磷时，引起生长停滞、枝条纤细、叶片变小。

防治方法：增施磷肥，因土壤碱性和钙质高造成的缺磷，需施入硫酸铵使土壤酸化，以提高土壤中磷的有效成分。生长期缺磷时，可在展叶期叶面喷施0.2%～0.3%磷酸二氢钾溶液或0.5%～1%的过磷酸钙溶液2～3次。

三、缺钾

症状：杏树缺钾症又称焦边病。先从枝条中部叶开始出现症状，常先叶尖及两侧叶缘焦枯并向上卷曲,叶片呈楔形,焦枯部分易脱落,边缘清晰。

防治方法:基施或及时追施硫酸钾、草木灰等钾肥。喷施0.3%~0.5%的磷酸二氢钾水溶液2~3次,每隔10~15天喷1次。

四、缺硼

症状:杏树缺硼时,上部小枝顶端枯死,叶片呈匙形,叶脉弯曲,叶尖坏死,叶片变窄,小而脆,叶柄和叶脉易折断,脉间失绿黄化。花芽分化不良,受精不正常,落花落果严重,果肉木栓化,果实畸形(俗称"缩果病"),果面呈现干斑,病果味苦,品质变差。

防治方法:每株大树基施150~200g硼砂,能有效防止杏树缺硼,施后应立即灌水,以防产生药害。生长期缺硼时,可喷施0.5%的硼砂溶液2~3次。

五、缺钙

症状:杏树缺钙时,影响氮的代谢和营养物质的运输,不利于铵态氮吸收。缺钙根系受害最重,新根短粗、弯曲,尖端不久便褐变枯死,叶片较小,严重时枝条枯死和花朵萎缩。缺钙时还会降低花果器官的抗寒力,使其更易遭受晚霜危害。

防治方法:叶面喷钙,在氮较多的果园,应喷氯化钙。喷施氯化钙或硝酸钙易造成药害,安全浓度为0.5%,对易发病树一般喷4~5次。

六、缺锰

症状:杏树缺锰时,叶片上叶缘和叶脉间轻微缺绿,渐向主脉扩展,后呈黄色。

防治方法:缺锰的土壤可增施有机肥,促进杏树对锰的吸收。生长期发现杏树缺锰时,可喷施0.3%~0.5%硫酸锰溶液,一周喷1次,连续喷2~3次。

七、缺铁

症状:杏树缺铁时,导致叶绿素的形成受阻,幼叶失绿,叶肉呈黄绿色,叶脉仍为绿色,所以缺铁症又叫黄叶病。严重时叶小而薄,叶肉呈黄白色至乳白色,随病情加重叶脉也失绿成黄色,叶片出现棕褐色的枯斑或枯边,逐渐枯死脱落,甚至发生枯梢现象。

防治方法:尽量少施碱性肥料,防止土壤呈碱性,注意土壤水分管理,防止土壤过干、过湿。生长期缺铁时,可用0.5%的硫酸亚铁水溶液叶面喷施2~3次。

八、缺锌

症状:杏树缺锌时,枝条下部叶片常有斑纹或黄化部分,新梢顶部叶片狭小或枝条纤细,节间短,小叶密集丛生,质厚而脆,是缺锌的典型症状,即所谓的"小叶病"。严重时从新梢基部向上逐渐脱落,果实小,畸形。多年连续缺锌,会导致树体衰弱,花芽分化不良。

防治方法:不要过量施用磷肥,阻碍锌的吸收。生长期缺锌时,可用0.2%硫酸锌加0.3%尿素,再加0.2%石灰混合喷施2~3次。

第八节 枣树缺素症及其诊断方法

一、缺镁

症状:枣树缺镁时,老叶叶脉间出现黄化现象,而后逐渐扩大至全叶,叶脉保持绿色,缺镁严重时老叶枝黄脱落。

防治方法:增施有机肥,增加土壤肥力,对于严重缺镁的果园每亩施用硫酸镁15~30kg。在生长期间发现枣树缺镁时,可喷施0.5%~1.0%的硫酸镁溶液2~3次,每隔7~10天喷1次。

二、缺硼

症状:枣树缺硼时,枝梢顶端停止生长,幼叶畸形,末期顶梢萎凋,顶叶叶脉黄化脱落。果实顶端果肉木栓化,褐变,形成空腔,致使果肉硬化,风味变劣。

防治方法:始花期至落果停止期,叶面喷施0.2%~0.3%硼酸加0.3%生石灰液,每隔2~3周喷施1次,共4~5次。果实采后,每株土施20g硼砂,严重缺硼的地区可适当多施,并增施有机肥。

第九节 山楂树缺素症及其诊断方法

一、缺氮

症状:山楂缺氮时,主要表现为叶片生长不旺盛,下位叶片黄化。

防治方法:增施有机肥和尿素等速溶氮肥;生长期缺氮时,可喷施0.2%~0.5%尿素溶液2~3次。

二、缺铁

症状:山楂缺铁时,主要表现为新叶黄白化,严重缺铁时新叶黄白化,并停止生长。

防治方法:可在根系分布层挖放射状沟,施入硫酸铁、硫酸亚铁、柠檬酸铁,并注意果园管理,尽量少用碱性肥料,防止土壤呈碱性,重视土壤水分管理,防止土壤过干、过湿。生长期缺铁时,可用0.1%~0.5%的硫酸亚铁水溶液叶面喷施2~3次。

第六章 无公害果树施肥技术

第一节 无公害果品生产知识

一、无公害果品的概念

无公害果品属无公害食品范围之内,是指无污染、安全、优质、营养类食品。而果品产前、产中、产后,果树生长发育的基本条件、生长环境、储运加工等因素均直接影响可食用部分的安全性,因此,无公害食品的生产条件是其含义的基础。随着人们生活水平、生活质量的提高、保健意识的增强,无公害食品已经越来越受到国内、外消费者的青睐,发展无公害食品已成为目前我国农产品出口的重要保证。[①]

无公害果品是遵循可持续发展的原则,按照特定的生产方式,经专门机构认定并许可,使用无公害标志的无污染、安全、优质、营养类果品。无公害果品生产必须同时具备以下条件:即果晶产地必须符合无公害果品生态环境质量标准;果树种植管理及储运加工应符合无公害食晶生产操作规程;果品必须符合无公害食品质量及卫生指标;果品外包装必须符合国家食品标签通用标准,符合无公害食品特定的包装、装潢和标签规定。

无公害果品与普通果品比较,其显著的特征是产品出自无污染的生态环境,并对产品实施全程质量控制,产品经过有关部门检测认证,并允许使用无公害标志。

近年来,国内外出现了不少食品安全性事件,直接危及人的健康,而且多是属于群体性伤害,因此食品安全问题引起了各国政府、社会的广泛关注。当前果品中农药残留问题十分严重,毒物检出及超标现象突出,其主要原因是人为的大量使用高毒农药,随意加大用药量,增加施用次数。近期曾对北方果园成熟的苹果样品普查发现,高残留农药滴滴涕(DDT)超标率在75.6%,高毒有机磷农药超标率在7.6%,其他农药检出率在54.5% ~ 100%。同时由于"工业三废"的排放,尤其是中、小企业治污措施不利,大量超标污水不经治理直接排入沟田,严重污染了土壤、地下水和农产品,有害重金属等在苹果中检出率高达93% ~ 100%,超标率在2% ~ 21.3%,检出量超标值达到0.25 ~ 2.3倍。因此,无公害果品实施从土地到餐桌的全程质量控制,已成为广大消费者的迫切需求,也是我国农产品出口的必备条件。发展无公害食品是实施农业生态效益、社会效益和经济效益统一的

---

① 吴伟民. 无公害果品的概念[J]. 农家致富,2005(2):34.

重要途径；是加快传统农业向现代化农业转变，实现可持续发展的有效措施；也是实现农业增效、农业增收的有效手段。

我国加入WTO后，农产品市场竞争非常激烈，粮、油、棉生产将受到影响，而果品业国内生产成本低，相对市场价格偏低，具备较好的地理及生态条件，但是在国际贸易中对农产品质量要求越来越高，绿色壁垒（无污染）已成为贸易保护主义的主要手段，受污染、质量差的农产品在国际市场上不断受到限制。因此，发展无公害果品，既有助于提高我国果品在国际市场上的竞争力，又能为我国果品进入国际市场开辟了一条广阔的"绿色通道"。

无公害果品的质量指标中，对食用安全性提出了具体要求。我国2001年颁布国家标准《农产品安全质量无公害水果安全要求》等，为规范我国无公害水果的食用安全性提供了统一标准。根据国家标准规定，无公害水果的安全要求包括两个方面，一是重金属及其他有害物质限量（表6-1）；二是对农药残留最大限量（表6-2）。

表6-1　无公害水果重金属及其他有害物质限量

项目	指标（毫克/千克）
砷（以As计）	≤0.5
汞（以Hg计）	≤0.01
铅（以Pb计）	≤0.2
铬（以Cr计）	≤0.5
镉（以Cd计）	≤0.03
氟（以F计）	≤0.5
亚硝酸盐（以$NaNO_2$计）	≤4.0
硝酸盐（以$NaNO_3$计）	≤400

表6-2　无公害水果农药量大残留限量

项目	指标（毫克/千克）
马拉硫磷	不得检出
对硫磷	不得检出
甲拌磷	不得检出
甲胺磷	不得检出
久效磷	不得检出
氧化乐果	不得检出
甲基对硫磷	不得检出
克百威	不得检出
水胺硫磷	≤0.02（柑橘果肉部分）

六六六	≤0.2
滴滴涕	≤0.1
敌敌畏	≤0.2
乐果	≤1.0
杀螟硫磷	≤0.4
倍硫磷	≤0.05
辛硫磷	≤0.05
氯氰菊脂	≤2.0
澳氰菊酯≤0.1毫克/千克	≤0.1
氰戊菊酯≤0.2毫克/千克	≤0.2
三氟氯氰菊酯≤0.2毫克/千克	≤0.2
百菌清≤1.0毫克/千克	≤1.0
多菌灵≤0.5毫克/千克	≤0.5

注:未列项目的农药残留限量标准各地区根据本地实际情况按有关规定执行。

　　具体要求是:6种重金属元素,砷≤0.5毫克/千克(即每千克果品中砷的含量要小于或等于0.5毫克),汞≤0.01毫克/千克,铅≤0.2毫克/千克,铬≤0.5毫克/千克,镉≤0.03毫克/千克。"其他有害物质"包括亚硝酸盐(以$NaNO_2$计)≤4.0毫克/千克,和硝酸盐(以$NaNO_3$计)≤400毫克/千克。农药允许残留量目前涉及到22个品种,其中高毒农药甲拌磷、甲胺磷、久效磷、氧化乐果、甲基对硫磷、克百威等不得检出,其他品种:水胺硫磷≤0.02毫克/千克、六六六≤0.2毫克/千克、滴滴涕≤0.1毫克/千克、敌敌畏≤0.2毫克/千克、乐果≤1.0毫克/千克、杀螟硫磷≤0.4毫克/千克、倍硫磷≤0.05毫克/千克、辛硫磷≤0.05毫克/千克、氯氰菊酯≤2.0毫克/千克、溴氰菊酯≤0.1毫克/千克、氰戊菊酯≤0.2毫克/千克、三氟氯氰菊酯≤0.2毫克/千克、百菌清≤1.0毫克/千克、多菌灵≤0.5毫克/千克。

　　除上述国家标准外,近期我国对无公害水果还颁布了多项农业行业标准,包括《无公害食品 苹果》、《无公害食品 梨》、《无公害食品 柑橘》、《无公害食品 香蕉》、《无公害食品 鲜食葡萄》、《无公害食品 草莓》、《无公害食品 猕猴桃》、《无公害食品 桃》及《无公害食品 芒果>等,其内容与国家标准有许多相同之处,有的果品还增添了部分农药限制指标。如《无公害食品 苹果》的行业标准中规定杀螟硫磷、氯菊酯、抗蚜威、三唑威、克菌丹、敌百虫、除虫脲、三唑酮和双甲脒在果品中残留限量分别不能超过10.0、2.0、0.5、1.5、0.1、1.0、2.0、1.0和0.5毫克/千克。这些标准的颁布实施对无公害果品的食用安全性提出了具体的指标,为控制水果的有毒有害物质含量明确了目标,也为评价无公害果品提供了科学内涵。

二、无公害果品产地环境条件

果树的生态环境与果品品质有着密切关系。因此,无公害果品生产基地的选择十分重要,一个已经污染或正在遭受污染的地块是难以生产出无公害果品的。建立无公害果品生产基地应选择在空气清新、水质纯净、无或不受污染源影响或污染物限量控制在允许范围内,具有良好生态环境的农业生产区域,应尽量避开繁华都市、工业区和交通要道。[①]

(一) 农业环境污染对果品生产的影响

1.农田大气污染对果品生产的危害。当前国内总体来看农田大气环境状况基本良好,但局部地区污染相当严重,如二氧化硫(SO_2)污染仍在加重,酸雨形势相当严峻。我国广东、广西上述复合污染的农田面积在450多万平方米。大气中的氟化物(F)污染已成为普遍的环境问题,年排放量达50多万吨,其中乡镇企业的排放量约占2/3以上,氟化物污染造成对农业的危害不低于二氧化硫。另外,空气中的总悬浮微粒(TSP)、一氧化碳(CO)、过氧化物(O_3)等等均能对果树及其产品形成污染。大气受到上述污染源的污染时,动物会因吸收有害物质而中毒,严重的死亡;对农作物、果树等植物机体也同样会产生生理、生物化学的变化而表现急性危害,使叶片产生伤斑或枯萎脱落死亡。低剂量的污染则产生慢性危害,使叶片褪绿,即使在植物外表不出现受害症状时,但其生理机能或遗传系统却受到了影响,造成无形的产量下降,品质变坏。

大气中的污染物主要来源于工矿企业、机动运输工具、工业锅炉、民用炉灶等排入大气的有害物质。其中有害气体SO_2,我国的年排放量高达1400多万吨,主要排放源是火力发电厂、炼铁厂、工业锅炉等。SO_2对果树危害相当普遍,不仅能直接产生危害,而且还能在空气中被氧化,形成酸雨,产生区域性的间接污染。氟化物对植物的毒性要比SO_2强10～100倍,不仅有直接危害症状而且对植物污染还能产生累积性,使品质变坏。含氟废气主要来自磷肥厂、炼铝、小钢铁、砖瓦、玻璃、陶瓷等工业,尤其是"三废"治理差的中、小型企业。另外,污染大气的重要一类物质是颗粒物,其中包括有毒重金属的粉尘。在矿石焙烧、金属冶炼及燃料燃烧过程中都会排到大气中大量的重金属的悬浮颗粒物,其中最主要的是铅。在运输繁忙的公路两侧100米以内的果园,果树植株、叶片、果实中含铅量比远离公路的植株高近100倍。植物不仅可以通过地上部分吸收沉降大气中的重金属微粒,而且也能通过根吸收沉降于土壤中的大气污染物,在农产品中积累,影响人体健康。此外,光化学烟雾对农作物不是一次性污染物,而是一些一次污染物如NO_2、CO、CH化合物等在日光作用下生成一系列带有氧化性、刺激性的二次污染物。如臭氧(O_3)、硝酸盐的衍生物,对植物绿色部分会造成伤害。

2.灌溉水污染对果品的危害。农田灌溉水的质量直接影响果树的生长发育及产量、

①聂继云,丛佩华,董雅凤,等. 无公害水果产地环境要求[J]. 农业环境与发展,2003,20(5):23-24.

品质。当前我国经济稳步增长,工业发展较快,城镇人口增加,因此工业废水、城市污水的排放量逐年增加,其中的有害物质对农业环境的威胁日趋严重。据近期统计资料表明,我国各地的农用灌溉水中的有害物主要是COD、BOD、挥发酚、氨氮及重金属离子镉、汞、铝、镍、砷、铅等。目前,全国污水灌溉农田面积已达到333.3万公顷,由于对灌溉水的污染源未得到有效控制,使农田土壤的污染进一步加重。据20世纪90年代初统计,全国废水排放总量在350多亿吨,重金属排放量在1500吨,砷排放量近1000吨,氰化物排放量为2500吨,石油类排放量在7万吨。这些含有害物的废水,有的直接排入农田用于污灌,有的排入江、河、湖、塘,但也间接地用于农田灌溉用水,因此,农田用水的污染不可忽视。

农田水污染主要来源于城市生活污水、工业废水、农田排污及固体废弃物。城市生活污水中主要含一些洗涤剂、有机污染物及大量粪便中的致病菌。工业废水中含有大量的有机物、酚、氰、油、酸、碱及重金属,由于重金属污染不易消除降解,所以工业废水是农用水污染的主要来源,并且危害大。农田排水是携带了农田中过量的残留化肥、农药代谢物和溶解性盐类,这些农田排水如果输入水体也将会给地表水造成影响。固体废弃物较小,废弃物颗粒随风扬散,落入地表水,更有甚者将固体废弃药物直接抛弃在水源周围,随自然降水直接流入江河湖泊,也可随渗沥水再渗入土壤、淋洗到地下水而形成水源污染。

水与土壤是农作物、果树赖以生存的基本条件。各种植物均按各自的生理需求,在一定限度内通过根系有选择的从土壤中吸收水分及某些营养物质。尽管一些农作物对污水有一定的自净能力,但环境中有毒物超过限量,便会出现不同程度的水—土壤—农田作物的污染效应。有毒重金属的污染对植物一般不致造成急性危害,但是容易吸收、积累残毒,通过食物链到达人体而产生危害。有机污染物在高浓度时,对农作物造成急性危害,损害绿色植物组织,使植株失绿、落叶、枯死,直至绝产。因此,农田环境污染的治理是生产无公害农产品的基础条件,根除污染源,加强环境中污染物的监测、治理是生产无公害农产品的基本保障。

(二) 无公害果品产地的环境要求

为了确保果品质量不受有害物质污染,2001年国家颁布了《农产品安全质量 无公害水果产地环境要求》标准,并与2001年10月1日起实施。该标准对无公害水果产地环境提出了4个方面的要求,即产地生态环境、灌溉水质、空气质量和土壤质量。

1.无公害水果产地生态环境。无公害水果的生产地应选择生态环境良好,无污染源或不受污染源影响或污染物含量控制在允许范围之内(达到标准要求)的农业生产区域。良好的生态环境是无公害农产品开发的基础。在农业生态系中强调有机与无机相结合,如有机肥和无机肥结合,生物防治和化学防治相结合,充分利用自然能源,加速物质循环及能量转化,提高生物能的利用率。实现少投入,多产出,低能耗,保护和改善生态条件,控制污染物进入农产品中,这是无公害果品生产的基础措施。

2.无公害果树灌溉水质量。国家标准规定的灌溉水质量指标为:pH5.5～8.5,氯化物≤250毫克研,氰化物≤0.5毫克/升,氟化物≤3.0毫克研,总汞≤0.001毫克/升,总砷≤0.1毫克研,总铅≤0.1毫克研,总镉≤0.005毫克研,六价铬≤0.1毫克研,石油类≤10毫克/升等。如果灌溉用水有害物质含量超过标准要求,就会对土壤和水果品质产生影响,为确保无公害果品的质量,无公害果树一般不能用工业废水、城市污水、畜禽厂污水灌溉。

3.无公害果树空气质量。无公害果园及其周围空气质量指标包括总悬浮物颗粒物(TSP)、二氧化硫(SO_2)、氮氧化物(NO_x)、氟化物(F)、铅等。具体指标要求见表6-3。

表6-3　无公害果树空气质量指标

项目	指标	
	日平均	1小时平均
总悬浮物颗粒物(TSP)(标准状态),毫克/立方米≤	0.3	
二氧化硫(SO_2)(标准状态),毫克/立方米≤	0.15	0.50
氮氧化物(NO_x)(标准状态),毫克/立方米≤	0.12	0.24
氟化物(F),微克/(平方分米·天)≤	月平均10	
铅(标准状态),微克/立方米≤	季平均1.5	

4.无公害果树土壤质量。无公害果园内土壤中有害物包括汞、砷、铅、镉、铬等5种重金属元素及农药六六六和滴滴涕,其含量指标限量见表6-4。

表6-4　无公害果树土壤质量指标

项目	指标(毫克/千克)		
	pH<6.5	pH6.5～7.5	pH>7.5
总汞≤	0.30	0.50	1.0
总砷≤	40	30	25
总铅≤	250	300	350
总镉≤	0.30	0.30	0.60
总铬≤	150	200	250
六六六≤	0.5	0.5	0.5
滴滴涕≤	0.5	0.5	0.5

生产无公害水果,首先要对其产地环境条件按国家规定的标准,对各项污染物进行全面检测,其结果符合国家标准或农业行业标准的要求,才能够作为无公害水果生产基地组织生产,否则需经过环境治理,各项指标达标后方能申请生产或另择他地。

三、无公害果品生产管理技术

无公害果品生产栽培管理,必须在对产地环境条件综合评价的基础上,以优良品种、种苗为中心,协调运用生产过程中水、肥、土、大气等因素,采用先进的耕作栽培技术,利用病、虫、草害的综合防治手段,建立良好的基地生态条件,使林果生育健壮,减免农药化肥残留与污染,实现产品无污染与环境清洁化。

无公害果品生产应遵循的原则是:做好产地环境条件的综合评价,分析出环境的本底值,确定生产基地等级,以求趋利避害选择生产基地。在此基础上,有的放矢地制定栽培措施。高产、高效、优质、抗逆性强的品种是无公害生产栽培的内在基本因素,只有高产、优质、生长健壮的品种,才能达到低消耗、高产出、高效益的目的,才能有效地利用环境条件,减少人为有害物质的投入,所以,充分把握住品种这个内因,发挥品种效应,才是实现无公害果品持续高产最经济的手段。

良好的农田生态系统是无公害农产品生产的基础。通过人为的综合运用和协调环境、植物等因素,使果树生育条件优化,最大限度减少化学物质对农产品及环境的污染,尤其是生产过程中的自身污染必须加以控制,使农田生态环境得到恢复和优化。果品生产中的病虫、草害应坚持预防为主的方针。综合防治是减少果园病虫、杂草危害,降低化学农药污染的基本原则。所谓预防为主、综合防治,就是贯彻以农业防治为基础,充分调动自然因素和植物本身对病虫草害的控制和抵抗能力,优先使用生物防治技术,科学合理地使用高效、低毒、易降解的农药,减少化学农药的用量及施药次数。同时要重视有机肥施用,采用平衡施肥与诊断施肥,使化肥的投入、产出合理化,减少化肥的浪费与污染,使水果产品质量达到国家标准规定的指标,把农田环境中有害物的残留积累降到最低限度。

果园化学农药的使用是目前以至今后很长一段时间防治果树病、虫、草等有害生物、调节果树生长发育的重要手段,但施用不科学,既会造成产地环境的污染,也会直接污染果品。进入环境中的化学农药会随着气流和水流在各处环流,污染水体、土壤及大气的环境资源;还会使果树直接产生药害,并杀灭有害生物的天敌而影响生态系统平衡,导致病源、害虫等有害生物抗药性增强,进而造成一些有害昆虫种群猖獗危害,果农不得不加大农药的用量,形成破坏生态系统的恶性循环。

某些化学农药化学性质稳定,脂溶性高,在环境中难以降解,残留期长,对环境及果品形成污染。为此,我国针对农用化学品的乱施滥用状况,为保证农产品安全,连续颁布实施了《食品卫生法》、《农药管理条例》、《农药安全使用规定》、《农药安全使用标准》、《农药使用准则》等法规和标准,对禁止使用的农药和安全使用农药以及控制果品中的农药残留等方面都做了明确而具体的规定。严格执行各项法规既能有效防治病虫害,同时也可达到保证无公害果品质量的目的。

采用生物农药或无公害农药取代高毒、高残留农药是杜绝农药污染的重要途径。但目前尚无法完全做到,而采取一些措施减少农药残留污染还是可行的。如注意农业生物物理措施的综合防治技术,通过改善果园的生态环境条件,为害虫天敌的繁殖创造良好环境;在果园周围减少或不栽种与果树有相同病虫害的树种,如苹果、梨园的周围最好不种杨树、刺槐、松柏等;积极开展农业防治、生物防治、物理防治,保持果园清洁,减少病虫发生的基数;尽可能选用抗病虫品种;引进种苗加强检疫,严格控制外来有害生物进入基地;合理调整果树的负载量,避免大小年发生。

果品生产中另一类污染源就是化学肥料。我国是世界上化肥施用量最多的国家之一,年平均每公顷农田达到378千克,而且施用化肥比例极不协调,重氮肥轻磷钾肥,化学氮肥过量施用导致果品和土壤中积累过多的硝酸盐。土壤有机质含量少,土壤保肥性能差,未被利用的养分通过径流、淋溶、反硝化、吸收和侵蚀等方式进入环境,从而污染水体、土壤和大气。在果品生产过程中,应合理确定氮肥用量、施用亚硝酸抑制剂,降低果品摄入硝酸盐及亚硝酸盐的量,减少对人体危害。在无公害果品生产中要提倡施用有机肥、腐殖酸类肥料和微生物肥料等。果树株间、行间可种植和施用绿肥,提高果园土壤肥力、减少化肥用量。

果树生产中应用化学控制技术造成的残留物也会给无公害果品生产带来新的问题。在果树结果期,为了促进果实膨大,常用6-BA(6-苄基腺嘌呤)、KT-30、4PV-30(二苯脲类)等细胞分裂素类的果实膨大剂;为提高坐果率、打破果树休眠期、增加果实着色、提早上市而普遍使用一些赤霉素、乙酸、生长素、乙烯利等植物激素;为了促进芽分化也常喷施多效唑等化学品,此类植物生长调节剂,目前在国内正在作为生产上不可缺少的化控或催熟技术措施大量使用、甚至滥用。此类化学品中不少也会在果品累积残留,对人体健康产生不良影响,因此,无公害果品的生产中一定要慎用化学控制技术,植物生长调节剂也应严格选优去劣。

果品产后流通环节,也要注意防止化学品的污染,以免降低果品的品质。防止污染的主要措施有:尽量减少使用化学品保鲜储藏;严禁使用含有工业"三废"的污水或含有疫原菌的生活废水漂洗、浸渍果实,形成二次污染;不能使用对人体有害的塑料薄膜或霉变、不干净的包装箱装载果品;在运输上市过程中,不能与有毒、有害、异味品混装;储藏场所应该卫生清洁,无各种污染源,以确保果品安全、卫生、无污染。

第二节 无公害果树施肥原理与技术

一、无公害果树施肥的基本理论

(一) 施肥的理论依据

1.养分归还学说。德国著名的农业化学家李比希认为,植物以不同方式从土壤中吸收矿质养分,为保持土壤肥力,就必须把植物取走的矿质养分以肥料形式归还给土壤,否则,土壤养分会越来越少,地力会逐步降低。该学说奠定了现代农业施肥的理论基础。

2.土壤最小养分律。李比希早在1840年就提出,农作物产量受土壤中最小养分的制约。作物生长发育需要吸收各种养分,但决定作物产量的限制因素(养分因素)是土壤中相对含量最少的那种养分,即作物最缺的养分(最小养分)。只有首先增加最小养分的数量,作物产量才能相应提高。所以,现代农业施肥,常常通过测定土壤中各种有效养分的含量水平判断土壤肥力等级,寻找最小养分种类,及时补充施用土壤中缺少的养分。

3.同等重要和不可替代律。作物生长发育所必需的营养元素有十几种,对作物来说,不论大量元素,中量元素,还是微量元素,都是同等重要的,缺一不可。它们在作物生长发育过程中均有特定的功效,相互间不能替代。因此,施肥时不可忽略作物需要量少的元素,必须是土壤和作物缺什么元素,就应补充施用含该种元素的肥料。

4.肥料效应报酬递减律。施肥使作物增产,产生经济收益。在一定条件下,向一定面积土地中投施数量较少的肥料时,平均每单位投入(如1元投资或1千克肥)带来的报酬(产品增加量或收益增加量)较高,随着施肥量的增加,报酬量也增加,但平均每单位的投入带来的报酬会逐步降低,而如果施肥过量,还会导致减产。可见,施肥量是有限度的,只有合理的施肥量(也称最佳施肥量),才能取得较高的施肥效益。

5.施肥效益受多种因素的影响。多方面的试验证明,一些不同养分之间具有正交互效应,合理配合施用可提高作物的增产效果。施肥还受多种因素(如水分、气候、光照等)的影响。实际生产中的施肥,必须综合考虑相关因素,才能更好地发挥肥料的增产效应。

(二) 无公害果树施肥目标

当自然环境中的营养条件不能满足果树生长发育的需要时,就应通过施肥来补充和调节某些营养元素,为果品生产创造适宜条件。施肥是果品生产的重要环节,科学施肥是获取高产优质果品的基础。无公害果品生产,对果树施肥提出了更加严格的要求。随着人类不断进步,人们的消费意识发生了重大变化,绿色无污染产品备受市场青睐,对果品的需求目标从"量"向"质"转变,对果品的营养价值、风味、口感、外观(如形态、色泽、包装)及供应时期等有了更多讲究。要提高果品的经济价值,增强林果产业的市场竞争力,广大果农就必须严格按照无公害食品果品生产技术规程进行规范化施肥。无公害果树施肥的目标,不仅是提高果品品质和产量,还要保护和改善生态环境质量,提高人类健康水平。

二、无公害果树施肥的原则

(一) 无公害果树施肥的基本原则

《中华人民共和国农业行业标准无公害食品》生产技术规程,对有关无公害果品生产程序作了严格规定,无公害果树施肥应遵循的基本原则是:以有机肥为主,化肥为辅,充分满足果树对各种营养元素的需求,保持或增加土壤肥力及土壤微生物活性,所施的肥料不应对果园环境和果实品质产生不良影响,使用符合国家行业标准的农家肥、化肥、微生物肥料及叶面肥等。禁止使用的肥料类别有:①未经无害化处理的城市垃圾,含有金属、橡胶和有毒物质的垃圾、污染,医院的粪便、垃圾和工业垃圾;②硝态氮肥和未腐熟的人粪尿;③未获国家有关部门批准登记生产的肥料。

(二) 有机肥与化肥配合施用

有机肥养分齐全,它不仅含有果树需要量大的氮、磷、钾元素,还含有果树生长发育所必需的钙、镁、硫等中量元素及锌、铁、铜、锰、硼、钼等微量元素。有机肥中的胡敏酸、维生素、抗生素及微生物等能活化土壤养分,刺激果树的根系发育,增强其吸收水分和养分的能力,许多有机物对改善土壤理化性状,提高土壤蓄水保肥和供水供肥能力,协调土壤的水、肥、气、热等综合肥力具有重要作用,这些优势是化学肥料不可比拟、无法替代的。但是,有机肥中的营养元素大多呈有机态,需经逐步分解转化,才能被吸收利用,有机肥氮、磷、钾含量比一般化肥的氮、磷、钾含量低,而化肥养分大多能较快地被果树吸收利用。所以,需肥较多的果树特别是其需肥量大的生长发育阶段,必须在施用有机肥为主的前提下,配合施用适量的化肥,取长补短,缓急相济,提高肥料利用率。

(三) 各种营养元素合理搭配

果树一般为多年生植物,十几年甚至上百年(如枣树)生长在一块土地上,虽然土壤是养分齐全的资源库,但随着世世代代年复一年的开发利用,大量果品被移出土体,果树可吸收利用的营养元素会不断减少。以氮、磷、钾三大元素为例,自20世纪60年代末期起,我国因施用氮素化肥获得了显著增产,但十几年后(80年代)土壤表现出严重缺磷,制约了果品产量和品质的进一步提高,大量研究证实,过量偏施氮肥,不仅影响果树花芽的形成,而且导致果品着色差,风味淡,贮藏性降低。配施磷肥使这一矛盾得到了缓解,但几年后土壤钾元素供应不足的问题日渐突出,即使一向被认为富钾的潮土,配施氮、磷、钾,对提高果品产量和品质也表现出显著效果。因此,无公害果树施肥,必须根据果树需肥特点和土壤供肥状况,合理确定各营养元素的配施比例。

(四) 增产增收与培肥改土相结合

果园是既有物质、能量输出,又需物质、能量投入的开放系统,从事无公害果品生产,既要提高果品产量和质量,又要保护和改善果园生态环境。因此,无公害果树施肥一为提高当前果品产量和品质,增产增收;二为改良土壤,提高地力,将来获取产量更高、品质更好的果品,这就需要在制定施肥计划时,科学调整施肥方案,在保持果园营养元素投入、产出相平衡的前提下,使某些养分合理盈余,结合科学耕作,逐步提高地力等级。实现近期经济效益与长远生态效益的协调发展,科学投入与高效产出的良性循环。

(五) 植物生长调节剂类物质的使用原则

植物生长调节剂类物质在无公害果树上的使用原则是:允许有限度使用对改善树冠结构和提高果实品质及产量有显著作用,并对环境和人体健康无害的植物生长调节剂,禁止使用可能对环境造成污染和对人体健康有危害的植物生长调节剂。

1.允许使用的植物生长调节剂类别。主要有:赤霉素类、细胞分裂素类及延缓生长和促进成花类物质。其技术要求有以下几点。

(1)严格按照规定的使用范围、浓度和时期使用:每年最多使用一次,安全间隔期在20天以上。

(2)细胞分裂素类:仅允许使用苄基嘌呤和激动素,使用范围限于某些果树促进萌芽和促进伤口愈合,防止幼果脱落,提高坐果率。

(3)乙烯及其释放或诱导剂的使用:采前果实的催熟仅限于使用乙烯利,但采前7天停止使用,采后禁止使用。采后果实的催熟仅限于气体乙烯。

(4)生长抑制剂的使用:无公害生产上仅限于使用多效唑(pp333)和矮壮素(ccc)。使用范围限于叶面喷布,防止果皮粗厚,控制新梢生长和促进花芽分化,安全间隔期应在30天以上。其他生长抑制剂禁止使用。

2.禁止使用的植物生长调节剂。如比久、萘乙酸、2,4-二氯苯氧乙酸(2,4-D)等。

三、无公害果树施肥量

果园是一个庞大的生态体系,确定果树施肥量是一个较复杂的问题。由于影响施肥量的因素是多方面的,从而使施肥量有较大的变化幅度和明显的地域差异。我国对无公害果品生产开展系统研究的历史较短,关于确定无公害果树施肥量的方法的详细报道尚不多见。理想的施肥量应当是遵循无公害果树施肥原则,确定各种营养元素肥料的最适用量和比例。目前,我国确定农作物合理施肥量采用的方法主要有三类,即地力分区(级)法、养分平衡法和田间试验法,这三类方法共包括6种具体方法。鉴于我国目前的果品生产实际情况,并考虑到方法的可操作性,下面介绍在果树上应用的两种方法。

(一) 地力分区 (级) 法

以行政区域(如1个县或几个乡)或自然区域(如河渠流域或山前小平原等)为单位,按地力等级、常年果品产量等情况将土地划片分级,一般分高、中、低3级,把每级地力水平相近的地块当作一个施肥区。以当地群众的经验施肥量为基础,再根据土壤养分含量监测资料、果树的营养诊断资料、果树生长发育表现状况及田间试验结果等情况,进行综合调整,分别测算出各级施肥区各种果树较为合理的施肥量,并选定适宜的肥料类别。

这种方法简便易行,有较强的可操作性,其施肥方案与当地群众的施肥习惯密切相关,让群众由传统的经验施肥法向科学施肥法迈进,思想上容易接受。所以,这项技术的推广工作难度小,技术普及速度快,见效快。但该法的科学技术水平较低,有明显的局限性。

(二) 养分平衡法

养分平衡法是国内外施肥中最基本、最重要的方法。其"平衡"之意就是土壤所供养分不能满足果树需要,就以施肥补足,实现供需平衡。它是根据果树需肥量与土壤供肥量之差来计算达到目标产量(也称计划产量)的施肥量。因为在施肥条件下,果树生长发育吸收的养分主要来自土壤库存和施肥供应两方面。养分平衡法计量施肥原理是著名的土壤化学家曲劳(Truog)于1960年首次提出的,后被司坦福(Stanford)所发展并用于生产实践。其计算表达式为:

$$某养分元素肥料的合理用量(千克/公顷) = \frac{果树养分吸收量(千克/公顷) - 土壤养分供应量(千克/公顷)}{肥料中的该养分含量(\%) \times 肥料当季利用率(\%)}$$

下面就养分平衡法算式中的各项参数做一分述。

1.果树的养分吸收量。一般用下式求出:

$$果树的养分吸收量(千克/公顷) = 果品单位产量的养分吸收量(千克/千克) \times 目标产量(千克/公顷)$$

(1)果品单位产量的养分吸收量:简单地说,就是每生产1千克(或100千克)果品需要吸收某营养元素的量。该值可通过田间试验取得,一般做法是:把一定区域内果树一个生产周期生长的地上部分收获起来,对枝、叶、果等分别称重,并测定它们的养分含量,求出某养分的吸收总量,再除以该区域内一个周期的果品产量,所得的商就是果品单位产量对某养分的吸收量。多数学者认为,根系部分所含养分占果树吸收养分总量的比例很小,可以不计。在实际生产中,可查阅相关资料,参考前人对该项参数的研究结果。表6-5列出了几种果品单位产量对氮、磷、钾的吸收量。

表6-5 几种果品单位产量对氮、磷、钾的吸收量

(千克/吨鲜果)				
果品类别	收获物	养分吸收量		
		N	P_2O_5	K_2O

苹果	果实	2.0～3.0	0.2～0.8	2.3～3.2
梨	果实	3.0～4.7	1.5～2.3	3.0～4.8
桃	果实	2.5～4.8	1.0～2.0	3.0～7.6
李	果实	1.5～1.8	0.2～0.3	3.2～3.5
枣	果实	15.0	10.0	13.0
板栗	果实	14.7	7.0	12.5
葡萄	果实	6.0	3.0	6.0～7.2
柑橘	果实	6.0	1.1	4.0
香蕉	果实	4.8～5.9	1.0～1.1	18.0～22.0

（2）目标产量：也称为计划产量。确定该项指标是养分平衡法计算施肥量的关键。目标产量决不能凭主观意志决定，必须从客观实际出发，统筹考虑果树的产量构成因素和生产条件（如地力基础、水浇条件、气候因素），若目标产量定得太低，难以发挥果园的生产潜力；若定得太高，施肥量必然较大，如果实产量达不到目标值，就会供肥过量，造成浪费，甚至污染环境。即使实现了目标，也不会取得较高经济效益，得不偿失。另外，一般果树为多年生植物，树体是营养积累与果品产出的统一体，其年际间的生产关系密切，如果片面追求当季高产，就会减弱树势，影响下季的花芽分化，加剧大小年现象，甚至"十年树木"，损于一旦。从近十几年来我国各地试验研究结果和生产实践得知，果园目标产量首先取决于树相与群体结构，管理水平、地力基础、水源条件及气候因素等也是影响目标产量的重要条件。拟定和调整目标产量也应参考当地果园上季的实际产量和同类区域果园的产量情况。

2.土壤养分供应量。土壤养分供应量的计算，是根据地力均匀的同一果园不施肥区的果品产量，乘以果品单位产量的养分吸收量。计算公式为：

土壤养分供应量(千克/公顷) = 果品单位产量的养分吸收量(千克/千克)×

不施肥区果品产量(千克/公顷)

式中，果品单位产量的养分吸收量与前文中的取值相同。

3.肥料中的养分含量。商品肥料（化肥、复混肥、精制有机肥、液面肥等）都是按照国家规定或行业标准生产的，其所含有效养分的类别与含量都标明在肥料包装或容器标签上，一般可直接用其标定值。果农积造的各类有机肥（堆沤肥、秸秆肥、圈肥、饼肥等）的养分类别与含量，可采集肥料样品到农业测试部门化验取得，也可通过田间试验法测得。

4.肥料的当季利用率。肥数的当季利用率是指当季果树从所施肥料中吸收的养分量占所施肥料养分总量的百分数。它不是恒定值，在很大程度上取决于肥料用量、用法和施肥时期，且受土壤特性、果树生长状况、气候条件和农艺措施等因素的影响而变化。一般有机肥的当季利用率较低，速效化肥的当季利用率较高，有些迟效化肥（如磷矿粉）

的当季利用率很低。

根据前人试验结果和多方面统计资料,现将几种肥料的主要养分利用率及肥效速度汇总列于表6-6,供参考。

表6-6 几种肥料的主要养分利用率与肥效速度

肥料种类	主要养分含量(%)			利用率(%)	肥效速度(%)		
	N	P_2O_5	K_2O		第一年	第二年	第三年
圈肥	0.3~0.5	0.09~0.11	0.5	20~30	34	33	33
人粪尿	0.5~0.8	0.10~0.15	0.20~0.25	40~50	75	15	10
草木灰	—	0.25~0.40	2.0~3.0	30~40	75	15	10
氨水	16.0	—	—	50	100	0	0
硫酸铵	21.0	—	—	70	100	0	0
碳酸氢铵	17.0	—	—	50	100	0	0
尿素	46.0	—	—	50~70	100	0	0
过磷酸钙	—	14.0~20.0	—	20~30	45	35	20

肥料利用率的高低直接关系到投肥量的大小和经济收入的多少,所以,国内外都在积极探索提高肥料利用率的途径。目前,测定肥料利用率的方法主要有两种,即田间差减法和同位素肥料示踪法。

(1)田间差减法:该法测定肥料利用率较为简便,其基本原理与养分平衡法测定土壤供肥量的原理相似,即利用施肥区果树吸收养分量减去不施肥区果树吸收的养分量,其差值视为肥料供应的养分量,再除以肥料养分总量,所得的商就是肥料的利用率。算式表达式为:

$$肥料利用率(\%) = \frac{施肥区果树吸收养分量(千克/公顷) - 不施肥区果树吸收养分量(千克/公顷)}{肥料施用量(千克/公顷) \times 肥料中的养分含量(\%)} \times 100\%$$

例:某果园不施肥区苹果产量为9000千克/公顷,施用有机质80000千克/公顷小区苹果产量为30000千克/公顷,已测得该有机肥氮、磷、钾养分含量为:N 0.5%、P_2O_5 0.15%、K_2O 0.4%;苹果单位产量(1千克)的养分吸收量为N 0.003千克、P_2O_5 0.0008千克、K_2O 0.0032千克。试求出该有机肥中氮、磷、钾的利用率。

根据前述,将产量数据和氮素数据(注意单位名称应与公式中的要求一致,否则需换算)代入算式,即可计算出有机肥中氮的利用率:

$$有机肥中氮素利用率(\%) = \frac{30000 \times 0.003 - 9000 \times 0.003}{80000 \times 0.5\%} \times 100\% = 15.75\%$$

同理,可求出磷、钾的利用率:

$$有机肥中磷素利用率(\%) = \frac{30000 \times 0.0008 - 9000 \times 0.0008}{80000 \times 0.15\%} \times 100\% = 14.00\%$$

$$有机肥中钾素利用率(\%) = \frac{30000 \times 0.0032 - 9000 \times 0.0032}{80000 \times 0.4\%} \times 100\% = 21.00\%$$

(2)同位素肥料示踪法:它是将具有一定放射性强度的同位素肥料(与常规使用的肥料元素原子序数相同)施入土壤,经过果树吸收利用,树体中便有了同位素养分,再通过仪器测定树体的放射强度,即可推算出所吸收的同位素肥料量占施入量的比例,从而计算出该肥料的利用率。同位素肥料示踪法所用的同位素主要有^{15}N、^{32}P,钾素常用^{86}Rb代替。因为示踪法排除了激发作用的干扰,其试验环境与实际生产环境几乎相同,所以,试验结果的可靠性高。但该方法需要昂贵的同位素肥料和精密仪器,尚未广泛应用。

无公害果品生产中,以施用有机肥为主,故有机肥用量较大。由于有机肥的当季利用率较低,后效较长,所以在确定果树施肥量时,一定要认真考虑上季有机肥及其他肥料的后效,将土壤中的上季肥料可供给本季果树的有效养分量加到"土壤养分供应量"上,合理减少本季施肥量,减少养分流失,降低生产成本。

至此,果树养分吸收量、土壤养分供应量、肥料中的养分含量和肥料当季利用率都能得出数值,把它们代入到养分平衡法计算公式中,即可确定某养分元素肥料的合理用量。

四、无公害果树施肥时期

(一)确定施肥时期的依据

1.果树的需肥时期。果树需肥时期与物候期有关。据河北农业大学对苹果、桃、枣等果树用^{32}P标记观测表明,养分首先满足生命活动最旺盛的器官,它是树体养分分配的重点,随着物候期的变化,分配重点不断转移。陕西省农业科学院果树研究所研究表明:当养分分配以开花坐果为重点时,即使追肥量高于一般生产水平,仍可提高坐果率,如果错过这一时期才施肥,可促进营养生长,但往往加剧生理落果,说明适期施肥的重要性。

在年周期内,果树对不同营养元素的需求有不同的变化规律。如栗树从发芽即开始吸收氮素,在新梢停长后,果实肥大期吸收最多;对磷从开花后至9月下旬吸收量较稳定,10月以后几乎停止吸收;钾在开花前很少吸收,开花后(6月份)迅速增加,果实肥大期达到吸收高峰,10月以后急剧减少。另外,不同果树种类,吸收各营养元素的变化规律也不一样。

掌握各类果树的物候期进展情况和养分吸收特点及其在树体内的分配规律,可为确定最佳施肥时期提供依据。

2.土壤营养元素的有效含量与供肥特性。清耕果园的土壤一般在春季有效氮和有效钾较少,夏季增加;而有效磷一般是春季多,夏、秋季较少,覆草果园土壤有效养分变化幅度较小,保肥供肥能力强于同等裸地。果园的间作植物也影响土壤有效养分含量,如间作豆科绿肥,幼苗期土壤氮、磷被利用而减少,绿肥根系的固氮能力增强后,土壤含氮量提高,但需补施磷肥。

轻质土壤蓄肥保肥能力较差,大量施肥后养分易流失,当连续高强度供肥时其土壤有效养分会迅速减少,所以,轻质土壤果园施肥需勤施少施。质地黏重的土壤有较强的蓄肥供肥能力,一次施肥量可大些,减少施肥次数,但在低温干旱时期,黏重土壤供肥力下降,此时,需加强肥水管理。

3.肥料特性。有机肥等肥料效应较迟的肥料,需在土壤中分解转化才能被果树吸收利用,故应提前施入;而容易流失、挥发的速效肥料(如碳酸氢铵)或施后易被土壤及微生物固定的肥料,应在果树需肥前几天及时施入;含多种元素的复合肥,一般要在适宜发挥养分作用时施入,以产生高效益。

实际生产中,也可根据农时和生产条件的临时变化,及时调换肥料特性最适宜的肥料品种,以适应果树的需肥时期。如发现果树营养失调,急需补施某种养分时,要选用速效化肥;对同一需肥时期的大面积果园施肥,因人力不足或机具有限,造成施肥时间拖得较长,这就需要对部分果树提前施用释放养分较缓的肥料(如尿素),而另一部分果树施用释放养分快的化肥(如硫铵),以便及时发挥肥效,解决人力、物力方面的困难。

4.果树修剪时期。对果树修剪过重,留芽数少,根及树干中储藏的养分供应集中,发芽后,营养生长过旺,要相应减少施肥,推迟施肥时期,以免引起徒长,造成新梢发育延迟,影响果实品质。

(二)无公害果树施肥时期

1.基肥。是较长时期供给果树养分的基础肥料。作基肥施用的主要是有机肥和迟效化肥(如磷矿粉),也可根据果树种类和其长相,配施适量的速效肥料。基肥施入土壤后,逐渐分解,不断供给果树需要的常量元素和微量元素。从多方面的研究结果和长期的实践经验看,基肥于果实采摘后尽早施入效果最好,采摘果实一般正值秋季,采果后果树根系生长仍较旺盛,因施基肥造成的伤根容易愈合,切断一些细小根可促发新根。此时果树地上部新生器官已渐趋停止增生,所吸收的养分以积累贮备为主,施基肥可提高树体营养水平和细胞液浓度,有利于来年萌芽开花和新梢早期生长。根据华中农业大学对红星苹果幼树基肥施用时期试验的结果,9月10日施基肥较12月施用的坐果率高。对营养水平较低、花芽数量少、质量差的果树,秋季早施基肥可提高花芽质量,增强果树的越冬能力。果树春季萌芽、开花和树梢生长,消耗的主要是树体贮存养分,如果果树体营养水平高,则花芽质量好,可提高坐果率,促进幼果细胞分裂,而单果内细胞数量多,是果实肥大和高产的基础和前提。秋施基肥还利于果园积雪保墒,提高地温,防止根系受冻害。

2.追肥。当果树需肥量增大或对养分的吸收强度猛增时,基肥释放的有效养分不能满足需要,就必须及时追肥。追肥既是当季壮树和增产的肥料,也为果树来年的生长结果打下基础,所以,追肥活动是无公害果树生产中不可缺少的环节。追肥数量、次数和时期与树龄、树相、土质及气候等因素有关。一般幼树追肥宜少,随着结果的增多,追肥次数也要增加,以协调长树与结果的矛盾。砂质土或高温多雨季节,土壤养分易流失,追肥应少量多次;而黏质土或低温季节,可减少追肥次数,用肥量适当增多。目前各地实际生产中,一般成年结果树每年追肥2~4次,依果树类别和果园具体情况酌情增减。

(1)花前追肥:果树萌芽开花需消耗大量营养物质,但春季温度较低,吸收根生长较慢,故吸收养分的能力较差,若树体营养水平较低,而氮素供应不足时,易导致将来大量落花落果,并影响树体生长。一般果树花期正值养分供应高峰期,对氮肥敏感,只有及时追肥才能满足其需要。据河北农业大学试验,苹果花前追肥,坐果率比对照高58%。对弱树、老树和结果量大的树,应加大追肥量,促萌芽开花整齐,提高坐果率,并加强营养生长。若树势强,而且施基肥充足,花前肥应推迟至开花后再追。春季干旱少雨地区,追肥须结合灌水,才能充分发挥肥效。

(2)花后追肥:落花后是坐果期,也是果树需肥较多的时期。幼果生长迅速,新梢生长加快,都需要较多氮素营养。追肥可促新梢生长,扩大叶面积,提高其光合效能,利于碳水化合物和蛋白质的形成,减少生理落果。花前追肥和花后追肥可相互补充,若花前追肥多,花后一般可不追或少追,应根据果树品种特性及环境条件等灵活安排。

(3)果实膨大与花芽分化期追肥:此期花芽开始分化,部分新梢停止生长,追肥可提高果树的光合效能,促进养分积累,提高细胞浓度,有利于果实肥大和花芽分化。这次追肥既保证了当年产量,又为来年结果打下基础,对克服结果大小年现象也有效。一些果树的花芽分化期是氮肥的最大效率期,追肥后增产明显。结果不多的大树或新梢尚未停长的初结果树,也应追施适量氮肥,否则易引起二次生长,影响花芽分化。此期追肥还要注意氮、磷、钾适当配合。国外的研究结果也证明,晚夏施肥对提高花的质量及坐果率均有良好作用。

(4)果实生长后期追肥:这次追肥主要解决大量结果造成树体营养物质亏缺和花芽分化的矛盾。尤其晚熟品种后期追肥十分必要。据中国农业科学院果树研究所试验比较,在苹果(国光)休眠期和萌芽后,分别测定枝条中的氮和淀粉含量及过氧化氢酶活性,结果均以秋季追肥果树为高,说明此期追肥对提高树体营养水平效果明显。另据研究,树体内含氮化合物一般以8月份含量最高,若前期氮肥不足,则秋季逐渐减少,落叶前减至最少。因此,后期必须追施氮肥。适量配施磷、钾肥可提高果实品质,改善着色效果。这对盛果期大树尤为重要。在实际生产中,有些地区将这次追肥与施基肥相结合。

因地域不同,果树类别不同或物候期的差异,各地施肥的时期和次数也有所不同。如柑橘产区每年追肥4~5次,分为萌芽肥、稳果肥、壮果肥和采果肥等。对于尚未结果的幼树,施肥时期应重点考虑春、夏、秋树梢生长对营养的需求,但一般9~10月不宜追氮肥,以防促发晚秋梢。若计划幼树下一年开始结果,其生长后期要适当增加磷、钾肥的施用比例。

五、无公害果树施肥方法

(一) 土壤施肥

土壤施肥应根据果树根系分布特点与需肥特征,将肥料施在根系生长分布范围内,便于根系吸收,促进根系生长,最大限度地发挥肥料效能。果树的水平根一般集中分布在树冠垂直投影的外围稍远处,因根系有趋肥性,其生长方向常以施肥部位为转移,故一般将有机肥及迟效化肥施在距根系集中分布层稍深、稍远处,以诱导根系向深处和广处生长,形成强大根系,扩大吸收空间,提高其利用养分、水分的效能,增强果树的抗逆能力。

施肥的深度和广度还需要根据果树类别、砧木特点、树龄、土壤状况及肥料种类等因素做合理调整。如荔枝、龙眼、苹果、梨和板栗等果树,根系强大,分布深广,则施肥宜深,范围宜广;桃、香蕉等果树,根系较浅,分布范围较小,而矮生果树和矮化砧木果树根系更浅,范围更小,据此特性,应在适当范围内浅施肥料。幼树也宜小范围浅施,但随着树龄增长,根系扩大,施肥范围需逐年加深、扩大,以促进果树营养生长,尽快形成丰产根群和良好的树冠结构。沙地、坡地及多雨地区,为减少养分流失,宜在稍早于果树需肥关键时期之前施入,且少量多次。基肥多为迟效肥,故应深施或分层施。

各肥料元素在土壤中的活性不同,要求的施肥深度也不同。如速效氮肥移动性强,即使浅施也可下渗到根系分布层被吸收利用;磷肥移动性弱,需直接施于根系集中分布层及其外围附近,以利于根系吸收,磷肥容易被土壤和一些微生物固定,从而使其有效性降低,故最好与有机肥混合腐熟后施用。各种肥料在施用前若有结块,应打碎,肥料与适量的土壤混匀后再施,根系的吸收效果更好。

土壤施肥应注意与灌水的结合,特别是干旱条件下,施肥后尽量及时灌水,以防局部土壤水溶液的肥料浓度过高而产生根系肥害,施肥后的灌水量宜小不宜大,水溶肥下渗到根系集中分布层为好。

土壤施肥的方式方法多种多样,各地可根据具体情况酌情选用。常用的施肥方法有以下几种。

1.环状沟施。在树冠外围稍远处即根系集中区外围,挖环状沟施肥然后覆土。此法操作简便,但施肥范围较小,挖沟易伤水平根,且损伤根量较多。环状沟施肥法一般多用于幼树。许多地区将环状沟间断成3~5个环槽,再次施肥时更换挖槽位置,这样既可减少伤根,又扩大了施肥范围,利于根系的吸收和生长。

2.放射状沟施。以树干基部为中心,呈放射状向四周挖多条(4~6条或更多)沟。沟外端略超出树冠投影的外缘,沟宽30~70厘米,沟深一般达根系集中层,离树干远处稍深些(如树干端深30厘米,外端深60厘米),挖沟后施肥覆土。隔年或隔次更换施肥沟位置,扩大施肥面积。

3.条状沟施。在果树行间、株间或隔行挖沟施肥后覆土,也可结合深翻土地进行,便于机械化操作。挖施肥沟的方向和深度尽量与根系分布变化趋势相吻合。

4.全园撒施。将肥料均匀地撒在土壤表面,再翻入土中(深20厘米以下),也有的撒施后立即浇水或锄划地表。成年果树或密植果园,根系几乎布满全园时多用此法。该法施肥深度较浅,有可能导致根系上翻,降低果树抗逆性。若将此法与放射状沟施法隔年交替应用,可互补不足。另据调查,各地还有围绕树盘多点穴施等施肥形式,作为撒施和沟施的补充方法。

5.灌溉施肥。结合漫灌或喷灌、滴灌、渗灌等设施灌溉,将肥料混入灌溉水中,随水施肥。此法对密植果园及根系分布稠密的果园更为适用。肥随水走,供肥较快,肥力均匀,对根系损伤小,肥料利用率高,也有利于保护土层结构,节省劳动力。

6.果园绿肥种植与施用。我国果树多分布在丘陵区及盐碱、沙滩地带,土质比较瘠薄。果园种植绿肥,既可充分利用土地、光能等自然资源,又覆盖地面,抑制盐碱,防风固沙,减少杂草丛生,防止水土流失,调节果园小气候。许多绿肥作物可吸收土壤中活性弱的矿质元素,绿肥还田后转为活性强的营养供果树利用。一般绿肥还可用作养殖饲草,过腹还田,实现经济效益与生态效益双丰收。

我国绿肥资源丰富,种类繁多。选择绿肥品种要因地制宜,注意野生资源的利用,引种必须经试种后再推广。果园间作绿肥应根据绿肥种类、株高及根系分泌物特性等,与果树保持适当距离,以免影响果树生长发育。多年生深根性绿肥(如苜蓿)消耗水分、养分较多,要注意加强肥水管理,不宜多年连种,当其植株和根系生长量大时,及时采收。又如紫花苜蓿根系分泌皂角甙,对苹果、核桃等果树根系生长不利,要加以注意。

对绿肥的处理利用方式通常有如下几种。

(1)直接翻压还田。

(2)切碎翻压还田。

(3)收获后覆盖地面。

(4)将绿肥作为有机肥原料之一:与其他材料一起,堆沤发酵腐熟或工厂化生产制成有机肥,再择期施入果园。

(5)有些品种绿肥作为饲草用于养殖业:再将畜禽排泄的粪便积造成有机肥,施于果园。

(二)根外施肥

主要是叶面喷肥。此法用肥量小,发挥作用快,而且几乎不受树体养分分配重点的影响,可直接针对树冠不同部位分别施用,满足养分急需,也避免了养分被土壤所固定。叶片是制造养分的重要器官,而叶面气孔和角质层也具有吸肥特性,一般喷肥后15分钟至2小时即可吸收。根外追肥可提高叶片光合强度0.5~1倍以上。喷后10~15天,叶片对肥料元素反应最明显,以后逐渐降低,25～30天后基本消失。根外追肥还可提高叶片呼吸效能和酶的活性,因而可以改善根系营养状况,促进根系发育,增强吸收能力,促进果树整体的代谢进程。当然,根外追肥不能完全替代土壤施肥,两者相互补充,运用得当可发挥施肥的最佳效果。

果树叶片的吸肥强度及速率与叶龄、肥料成分、溶液浓度及气候条件等因素有关。幼叶生理机能旺盛,气孔所占比重较大,因而比老叶吸收速度快,效率高;叶背面较叶正面气孔多,且表层下具有较疏松的海绵组织,细胞间隙大而多,利于渗透和吸收,所以叶背面吸收养分快。据Titus报道,衰老叶片因尿素酶的活动,也具有吸收氮素的功能,秋季喷肥后可提高枝条和根部蛋白质的含量,这就给落叶果树的后期(每年落叶前)根外追肥提供了依据。据中国农业科学院果树研究所报道,柑橘除枯枝、枯叶、枯根外,各部位对氮素、磷素均有不同程度的吸收能力。肥料种类不同,进入叶内的速度也不同,如铵态氮需要2小时,氯化钾只需30分钟。溶液浓度也影响吸收速度,如0.15摩尔的硫酸镁溶液需30分钟进入叶内,而0.025摩尔溶液则需60分钟才进入叶内。溶液的酸碱度对离子渗入速度也有影响,一般叶片和根部一样,从酸性介质中吸收阴离子较好,而从碱性溶液中吸收阳离子较好。溶液浓度浓缩的快慢、气温、风速、湿度及树体内的含水状况等均关系着喷肥效果。可见,根外追肥必须掌握与果树吸收有关的内外因素,趋利避害,才能充分发挥根外追肥的效果。

常量元素(大量、中量元素)和微量元素均可喷施,复合肥也可喷施。喷肥之前一般先做小型试验,确认无肥害后,再大面积喷施。统计多方面的试验结果,常用肥料的喷施浓度为:尿素0.3%～0.5%,硫酸钾0.3%～0.4%,硫酸锌0.3%,磷酸铵0.5%～0.8%,硫酸亚铁0.3%,磷酸二氢钾0.3%,硼砂0.1%～0.3%。根外追肥的最适宜温度为18～25℃,湿度较大为好,因而夏季的喷肥时间最好是上午10点前或下午4点后,以防气温高,溶液浓缩快,影响吸收,易产生肥害。

根外追肥还有其他形式。如有些地区采用对树干压力注射法,将肥料水溶液送入树体;还有的用给树干输液法,即在树干上打孔,然后插上特制的针头,用胶管连通肥料溶液桶,类似于给病人"输液"。这些方法在改善高产大树的营养状况和快速除治果树缺素症等方面具有特效。

第三节　无公害果树土壤培肥与管理

土壤是果树的立地条件,没有土壤,果树根系就难以生长,树体就不能直立生长发育、繁茂成型;土壤是果树生长的基础,果树生命活动过程中所需要的水分和多种营养元素,绝大部分是通过根系从土壤中吸收的,故土壤的各种理化性状会直接影响果树的生长发育。在不同的土壤上分布着不同的果树,土壤理化性状及肥力等条件不同,对果树的生长发育以及果品的产量和品质都有重要的影响。所以,无公害果树生产必须重视土壤的培肥与管理,为果树的生长发育创造良好的立地环境条件,为果品的优质高产打下基础。[①]

一、无公害果树对土壤条件的要求

无公害果品的生产必须有一个良好的产地环境,国家标准对果品产地的灌溉水、土壤、空气等环境中有毒有害物质限量都作了明确的规定,对此必须严格执行。但仅此还不够,因为虽然果品的安全卫生指标达到了标准要求,实现了果品的无公害化,但果品的风味品质和营养品质是否也做到了优化呢？如果果品的风味和营养品质不高甚至比较差,也会造成市场销售不畅或无人问津,经济效益低下。所以,无公害果树生产在确保果品达到标准规定的安全卫生指标要求的前提下,在选育优良品种的同时,还必须重视协调改善影响果树生长发育的环境条件,以生产出更多的名优特果品。就土壤条件而言,优质无公害果树要求具备以下几点。

1.构型良好的深厚土层。果树是深根系作物,对土壤厚度有一定的要求,一般需土层厚60～100厘米。深厚的土层,可使根系分布深广,生长旺盛,增强根系的吸收能力,避免夏季地表高温和冬季严寒对根系的伤害,从而使树体发育健壮,增强对不良环境的抵抗能力。同时还要求土体具有良好的构型,如通体壤质、蒙金形土等,在土体中出现沙土层、砾石层、白干土层等障碍层次都不利于根系的生长伸展,使根系短细弱小,不能为果树整体生长发育提供充足的养分和水分,容易使果树形成"老小树"。

在山麓冲积平原、河流故道或沿海沙地的表土下,常会出现一定厚度的砾石层或沙砾层,不但果树的根系难以伸入下层,而且上层的水分、养分还会渗漏流失。因此,在表层土不到30厘米而砾石层很厚的地方,不经改良不宜发展果树。

2.适中的土壤质地。土壤质地对果树的根系生长分布以及果品产量和品质都有很大影响。一般质地疏松的砂壤土或壤土,适宜于果树生长,这样的土壤通气排水良好,果树根系活跃,生长快,地上部分发育也快;黏重土壤通气排水不畅,根系伸展受阻,影响果树的生长发育,也导致地上部生长发育不良,表现为树体弱小、发芽迟、果形小、产量低;土壤过于黏重,通气条件恶化,根系呼吸功能停止,使果树处于饥饿状态,甚至导致全株死亡。

一般果树对于土壤质地有较广泛的适应性,但不同的树种对土壤的适应能力和要求也不同,各自有自己的最适丰产范围。如枣、柿、核桃等对土壤质地的要求比较广泛;苹果、梨、柑橘等要求土壤疏松、孔隙度大、容重小的砂壤土或轻壤土;而葡萄在山区、沙滩、

①冉孝敏.无公害果树土壤培肥与管理[J].北京农业,2012(6).

盐碱地上都有较强的适应能力。

3.良好的土壤通气性。通气性首先对根系的生长有较大影响。据研究,土壤氧气与CO_2的含量对果树根系影响巨大。氧气不足将阻碍果树根系生长,甚至可引起烂根。不同果树对氧要求不同。苹果根系一般在土壤空气中氧的浓度在12%～15%时,才能正常生长;梨、桃等根系要求10%以上;甜橙实生苗在2.5%时仍可继续伸长。当土壤中CO_2含量大于10%时,果树根系才能正常生长;大于12%时,才能分生新根;土壤中CO_2降低到2%～3%时,根就停止生长。

土壤通气性对果树根系生理活性有较大影响,继而影响根系吸收水肥的能力。因根系对水肥的吸收受呼吸作用的制约,而根系呼吸作用要求有效地供给氧气,缺氧时根系呼吸作用受到抑制。

土壤通气性对土壤中微生物活动及土壤中的各种生物、化学过程都有影响,从而影响到土壤养分的有效性、有害物质的活性与积聚。如在黏重、板结或长期淹水的果园土壤,在厌气微生物活动下,易形成一些硫化氢,还原态铁、锰,有机酸等毒害果树根系。因此,必须注意调节土壤空气状况,改善通气性,为果树优质高产创造良好的通气条件。

4.较高的土壤养分含量。果树多年生长在同一地点,根系每年都要从土壤中吸收大量的营养成分,如果没有一个含有较高营养成分的土壤作基础,果树就难以实现持续优质高产。通过施肥虽可提供较高的养分,但也需要施入土壤中,依靠土壤转化、输送,才能被根系吸收利用。没有一个高肥力的土壤作基础,施肥效益也会降低,果品的产量和品质也就缺乏坚实的支撑。土壤养分含量指标,主要包括:有机质、全氮、全磷、全钾、有效磷、速效钾及各种中微量元素等。不同的树种形成单位产量所需的养分不同,由于果树的选择性吸收,常造成某果园缺乏某种元素,出现缺素症状,使果树不能正常生长发育。较高的土壤养分含量可以有效地防止果树缺素症的发生。因此,必须注意果园土壤的培肥改良,不断提高土壤养分的含量,走可持续、生态发展的路子。

5.适宜的土壤水分。土壤根系吸收的水分主要是来自土壤中的水溶液,土壤水溶液中发生着许多化学、物理和生物学上的变化、反应过程。因此,土壤水的丰缺和移动都会影响果树的生长发育。一般果树根系正常生长发育要求的土壤水分以保持在田间持水量的60%～80%为宜。土壤水分过多,易引起涝渍;含水量太低(干旱)或接近萎蔫系数时,根停止呼吸,生长受阻,光合作用开始受到抑制。通常落叶果树在土壤含水量为5%～10%时,叶片开始凋萎。如在果实膨大期至成熟前20～30天出现土壤水分过多或过少,则造成严重减产、品质降低。

6.较强的土壤稳温能力。土壤温度对果树生长的影响是多方面的、很普遍的。土壤温度与根系的生长量极相关,土温过高、过低,均会使根系受伤而生长受阻。在一定土温范围内,根系对养分吸收的快慢随温度丽变化,温度升高时吸收加快,温度下降时吸收变慢。土温的高低对土壤微生物活动、有机质和氮素的积累、养分的有效性、水气运动及存在形态等都有广泛的影响。

土壤温度变化状况及稳温性能随土质变化较大。沙土升温快,散热也快,昼夜温差变化大,稳温性弱。壤土、黏土增温、降温都比沙土慢,稳温性强。同一土壤类型,含水量高的比干土的温度日差变化小。

7.适中的土壤酸碱度。土壤酸碱度对果树生长发育关系密切。不同的树种对土壤酸碱度的要求不同,其适应性也各异。北方果树多适应于中性土壤,在碱性土壤中生长不良或不能生长。如桃、梨、苹果喜中性或微酸性;枣、葡萄耐碱性强。几种主要果树的酸碱度可耐范围、最适范围见表6-7。在选地建立无公害果园时,一定要注意土壤的酸碱度,应选择在最适范围内。

表6-7　几种主要果树的酸碱度适应范围

果树种类	可耐范围	最适范围
梨	5.4～8.5	5.6～7.2
桃	5.0～8.2	5.2～6.8
苹果	5.3～8.2	5.4～6.8
葡萄	7.5～8.3	5.8～7.5
栗	4.6～7.5	5.5～6.8
枣	5.0～8.5	5.2～8.0
柑橘	5.5～8.5	6.0～6.5

8.土壤有害元素含量低,无污染。无污染的土壤是无公害果品生产的前提,被污染的果园土壤质地、结构变坏,板结,不宜耕,酸化或盐渍化,种植的果树根系发育不良,生长受阻,产量低,品质差,甚至绝产,严重时果树整株死亡。

在实际生产中,果农往往忽视土壤中有害盐类的积累对果树造成的影响。盐碱土或长期大量施用单一品种的生理酸性或碱性肥料,都是导致土壤有害盐类积累的原因。土壤有害盐类超标可使果树根系生长不良,吸收能力下降,严重时迅速死亡。不同的树种耐盐力有差别,耐盐力强的有枣、葡萄、石榴等;耐盐力较弱的有苹果、梨、桃、杏、板栗、山楂、核桃等。据山西省农业科学院果树研究所池栽2年的果树苗耐盐试验结果,土壤总盐量为0.3%时,桃、栗死亡;核桃、杏、李部分受害;苹果、梨、枣、石榴、软枣、葡萄还能正常生活。总盐量达0.7%时,除石榴、枳尚在挣扎外,其他果树均已不能生存。几种主要果树的耐盐情况见表6-8。

表6-8 几种主要果树的耐盐情况

果树种类	土壤中总盐量(%)	
	正常生长	受害极限
梨	0.14～0.2	0.30
桃	0.08～0.1	0.40
杏	0.10～0.2	0.24
苹果	0.13～0.16	≥0.28
葡萄	0.14～0.29	0.32～0.4
枣	0.14～0.23	≥0.35
栗	0.12～0.14	0.20

二、无公害果树土壤改良培肥

有障碍因素的果园土壤,通过改良培肥可以消除土壤障碍因素,提高土壤肥力;无障碍因素的果园土壤,通过培肥措施可以协调土壤的水、肥、气、热状况,建立深厚肥沃的土壤耕作层。总之,土壤改良培肥的目的就是为果树生产发育创造一个适宜的土壤环境,确保土壤对果树所需的养分、水分的合理供应,为果树的高产、优质打下基础。

(一)深翻改土

1.深翻效果:果树大多为高大乔木或灌木,根系强大,伸展范围广,往往超过树冠直径的1~2倍,垂直根多在1米范围内。因此,合理深翻,能熟化土壤,增强土壤的通气透水性能,提高土壤的蓄水蓄肥能力,也有利于果树根系向深层和远处生长,扩大根系吸收面积,提高根系吸收能力。

1.深翻时期。四季均可,具体时间视果园情况而定。

(1)秋翻:一般在果实采收前后结合秋施基肥进行。落叶果树通常在果实采收后至落叶休眠前进行。秋季果树地上部分生长减慢或基本停止生长,养分开始回流和积累。此时,根系正值再次生长高峰,根系伤口易愈合,易发新根,深翻可切断一些根系,有利于根系伤口愈口和促发新根,从而增进对养分的吸收,增加树体养分贮存,充实花芽,为翌年树枝抽梢、丰产提供足够的营养物质。秋深翻还有利于土壤熟化、土肥相融,并利于积雪保墒。故秋季深翻是果园深翻最好的时期。但在干旱无水浇条件或土壤过沙的果园,秋深翻易使根系受旱或冻伤,故不宜进行深翻。

(2)春翻:宜在土壤解冻后及早进行。此时根系刚开始活动,地上部尚处在休眠状态,深翻后伤根易愈合和再生。春季化冻后,土质疏松,深翻省力。北方早春多风少雨,土壤失水快,在深翻过程中应注意覆盖根系,并翻后及时浇水。干旱缺水寒冷地区,不宜春季深翻。

(3)夏翻:最好在根系前期生长高峰过后,雨季来临前后进行。深翻后的降雨不易流失,容易保蓄,且能使土粒与根系密接,不致发生吊根或失水现象。夏季深翻不宜伤根过多,否则易导致落果。结果期的成龄大树夏季不宜深翻,以防出现落果。

(4)冬翻:可在入冬后土壤封冻前进行。冬季深翻后要及时填土埋实,以防漏风跑墒或冻伤根系。如墒情差,应及时灌水,在北方寒冷地区多不宜进行冬季深翻。

3.深翻深度。果树深翻深度以比果树根系集中分布层稍深为宜,且结合考虑土体构型、质地、树龄、劳力等条件灵活掌握,通常成树深翻的深度在60厘米左右,土层薄、土质黏重或有障碍土层的土壤,为活化土层可适当深一些,一般可达8~100厘米,但最好不要一次翻得过深,可采取逐年加大深度的方法或隔行加大深度的方法。土层深厚或质地较沙的土壤,深度可浅些,浅根系果树可浅些,深根系果树可适当深些。

4.深翻方式。

(1)扩穴深翻:结合施秋肥,对栽后2~3年的幼龄果树,每年或隔年从定植穴边缘或冠幅以外逐步向外深挖扩大栽植穴,直至全果园深翻一遍为止。每次深翻可扩挖0.5~1.0米,深度0.6米,并施入有机肥料。这种方式需3~4年才完成全园深翻,且深翻第一年伤根较多。

(2)隔行(株)深翻:为节省劳力或避免一次伤根过多,可采取隔行或隔株深翻的方式,平地果园也采用机械作业的方式进行。

(3)对边深翻:从果树定植穴边缘开始,以相对两面轮流向外扩展深翻,几年后全园深翻一遍。这种方式伤根少、用工省,适于劳力不足地区。

(4)全园深翻:将定植穴以外的土壤一次深翻完毕。范围大,需劳力多,但翻后便于果园平整或耕作,在习惯种植绿肥地区便于绿肥的播种和生长。

5.深翻注意事项。

(1)尽量少伤根、断根:深翻一次性伤根过多,不利于果树生长,尤其是直径在1厘米以上的大根,在深翻过程中尽量避免铲断,如伤断应剪平断口,使切头平滑,以利愈合。如发现根部带病,可切掉部分病情严重的根系,并涂抹杀菌剂消毒。

(2)深翻须配施有机肥:果园单纯深翻效果并不理想,必须与施有机肥料相结合,以增加土壤有机质,改良土壤结构,促进团粒结构的形成,提高土壤肥力。深翻与施肥相结合,能充分发挥两者的作用,对于提高果树产品和果品品质具有显著作用。

(3)深翻后注意灌水:深翻容易使土壤失水较多,若墒情严重应及时灌水。长期干旱时不能深翻。湿黏土壤深翻应注意破碎土垡,防止干硬起坷垃,跑风干吊,伤及根系。

(4)深翻时应打破障碍层:有黏土层或沙土层的土壤深翻时要注意把沙土、黏土混匀或与有机肥掺混后回填,有砾石、石块等物时应拣出。深翻时最好将表土、底土单放,回填时将表土填在根系集中分布层,底土填在表层,有利于全层土壤熟化。

(二) 增施有机肥

施用有机肥的优点,不仅在于能提供果树生长发育所需的各种营养元素,而且能增加土壤中有机质的含量,改善土壤理化性状,促进团粒结构的形成,使土壤的水、肥、气、热状况协调一致,为根系生长和吸收养分、水分创造最适的土壤环境条件。质地偏沙的土壤,有机质能增加沙粒间的黏结力,形成团粒,改变其松散不良状况;对黏质土,可使黏结的大土块碎裂成大小适中的土团,改变其黏重板结状况。根据果树树龄、树体、产量及土壤肥力状况,一般每株施用100～200千克优质牲畜圈肥、堆肥或绿肥,连施3～5年,可使土壤肥力等级提高一个层次,增产增质效果也十分明显。

(三) 采取综合措施,改良有障碍因素的果园土壤

过去提倡果树"上山、下滩",所以许多果园是在山地丘陵区、河道沙荒地、盐碱地上建立起来的。在这种先天不足的果园生产无公害果品,必须针对果园存在的土壤障碍因素,进行改良消障,否则其产量和品都难以提高。

1.低产果园存在的主要土壤障碍因素。一是土层浅薄,尤其是在山地、丘陵、河流放道上建立的果园,土层一般不超过50厘米,影响果树根系生长;二是土壤质地过沙或过黏,沙荒地上建立的果园质地偏沙,漏水漏肥;低洼黏重区的果园通气性差,根系生长不良;三是土壤养分贫瘠,有机质含量低,氮磷钾不足;四是盐碱危害重,有的果园盐离子浓度高,对根系形成毒害,南方果园酸化严重,pH低,抑制根系生长发育;五是部分果园存在水土流失、风蚀沙化现象。

2.低产果园的改良措施低产果园各有各的低产原因,有的甚至千差万别,但其改良措施可概括为工程措施、生物措施和农艺措施三大类。

(1)工程措施:是指通过建造长期或永久的建筑来改良土壤的措施。如在山地丘陵坡地果园采用的修筑复式梯田、等高撩壕、鱼鳞坑;沙荒地果园采用的"破土掏砾"或拉土垫沙;盐碱地果园采用的修建排水沟、挖设排水管道等都是工程措施,应根据土壤障碍因素状况及当地实际条件进行工程设计,以确保工程措施因地制宜,发挥其应有的作用。

(2)生物措施:主要是指利用营造园林植被、种植绿肥牧草的方式改良土壤。如在盐碱地果园间作耐盐碱的豆科绿肥,可以改良盐碱地,提高果树产量;沙荒地果园营造防护林网,实行林草结合,可以防风固沙,抵御自然灾害,有利于果树生长发育;山地丘陵果园种植耐旱耐瘠植物,可起到固土护坡、涵养水源的作用。

(3)农艺措施:主要是指增施有机肥、科学平衡施用化肥、使用土壤改良剂、精耕细作、推广节水增产技术、选育优质抗逆性强的品种等。

三、无公害果树土壤管理

果园土壤不同于大田农作物,其树冠下土壤连同行(株)间空闲土壤占果园面积的90%以上,且管理利用方便。如管理利用的好,可培肥土壤,增加果树产量,并能直接获

得较好的收益。土壤管理的方法主要有清耕法、生草法、覆盖法、免耕法等。经济发达国家果园土壤管理以生草法为主,生草累积达55%～70%以上,甚至达95%左右。我国则以清耕法或清耕一作物覆盖法为主,免耕法、生草法也正在逐步试验推广。

1.清耕法。清耕法是使果园土壤长期休闲并经常进行耕作除草,土壤保持疏松、无杂草状态。清耕有秋季的深耕及春、夏季的中耕、浅耕除草,也包括果树生长旺季的中耕施肥。其优点是保持土壤疏松、有机质分解快、养分有效性高。但缺点是不利于土壤肥力提高,有时会使土壤结构变坏,有机质下降。

2.生草法。在树盘外的行间种植绿肥作物,并适当施肥浇水,促进生长,提高生物产量,在适割期刈割后覆盖在地面。其优点是可以改良土壤,改善理化性状,提高肥力;树肥(草)共生期间,创造良好的果园田间小气候,促进果树枝叶繁茂,提高果树抗灾能力;生草条件下,果树害虫天敌种群数量大,有利于控制果树病虫害的发生,从而减少了化学农药的施用量,这对于保证果品的安全卫生品质是非常有利的;便于机械作业,省力省时。其存在的主要问题是草与果树争夺水肥,尤其是在草生长旺期,其吸收养分和水分的能力可能强于果树,导致果树缺肥,根系生长不良。

3.清耕—覆盖法:是介于清耕法和覆盖法之间的管理方法,其他时间清耕,只在雨季种植绿肥牧草,待长到适合刈割压青时,将其翻压入土作肥料。它具有生草和覆盖法的优点,应重点进行推广。

4.覆盖法。常见的主要是生物覆盖和地膜覆盖。

生物覆盖是用农作物秸秆、绿肥、杂草等有机物覆盖物,平铺在树盘上或果树行间,起到保蓄水分、增加有机质、疏松土壤、减少土壤压板等作用。覆盖物腐解后,能提高大量营养物质,供果树吸收利用。覆盖时,首先整好树盘,然后把细碎的或鲜嫩的覆盖物均匀盖在树盘内,为防风吹,可在覆盖物上压土或石块。

地膜覆盖可明显提高地温,保持土壤水分,促进根系生长发育。覆膜一般只盖树盘或树冠下地面。覆膜前先进行一次中耕、施肥、浇水并施用除草剂。地膜要用土封严压实,防止刮风毁坏地膜。在盛龄果园覆盖银光地膜,可增加地膜的折射和散射光照,有利于树冠内及下部叶片的光合作用和不同冠层的果实着色,从而提高果品品质。

参考文献

[1]劳秀荣.果树施肥手册[M].北京:中国农业出版社,2008.

[2]吴玉光,刘立新,黄德明.化肥使用指南[M].北京:中国农业出版社,2000.

[3]张慎举,皇甫自起.果园无公害施肥指南[M].北京:化学工业出版社,2011.

[4]张海岚.无公害果品高效生产技术[M].北京:化学工业出版社,2011.

[5]姜存仓.果园测土配方施肥技术[M].北京:化学工业出版社,2011.

[6]马国瑞,侯勇.肥料使用技术手册[M].北京:中国农业出版社,2012.

[7]秦双月,薛世川.施肥原理与肥料生产监测技术[M].北京:中国农业出版社,2002.

[8]吕英华,秦双月.测土与施肥[M].北京:中国农业出版社,2002.

[9]华孟.土壤肥料学[M].北京:农业出版社,1990.

[10]浙江农业大学.作物营养与施肥[M].北京:农业出版社,1990.

[11]龙兴桂.现代中国果树栽培[M].北京:中国林业出版社,2000.

[12]尤秉德等.无公害农产品的开发及技术[M].北京:中国农业科技出版社,1996.